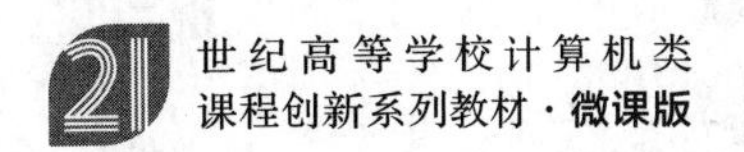

Python语言程序设计基础教程

微课视频版

周 方 陈建雄 朱友康 / 编著

清华大学出版社
北京

内容简介

本书详细地介绍了 Python 的语法知识，并借助集成开发工具 PyCharm，提升读者的编程能力，训练读者的程序思维，让其快速、轻松地掌握一门时下非常流行的编程语言。

全书共 10 章，分别是 Python 概述、Python 基础、字符串、流程控制语句、复合数据类型、函数与模块、异常处理、面向对象编程、文件处理和综合案例，书中所有知识点均给出了示例代码和相关案例，辅助读者理解相关概念及其应用。

本书可作为全国高等学校计算机类相关专业的教材，亦可作为高等学校各专业的通识教材，以及计算机编程爱好者的自学读物。

图书在版编目(CIP)数据

Python 语言程序设计基础教程：微课视频版/周方，陈建雄，朱友康编著. —北京：清华大学出版社，2023.2（2024.2重印）
21 世纪高等学校计算机类课程创新系列教材 · 微课版
ISBN 978-7-302-62571-1

Ⅰ. ①P… Ⅱ. ①周… ②陈… ③朱… Ⅲ. ①软件工具－程序设计－高等学校－教材 Ⅳ. ①TP311.561

中国国家版本馆 CIP 数据核字(2023)第 022871 号

责任编辑：陈景辉　李　燕
封面设计：刘　键
责任校对：李建庄
责任印制：杨　艳

出版发行：清华大学出版社
　网　　址：https://www.tup.com.cn，https://www.wqxuetang.com
　地　　址：北京清华大学学研大厦 A 座　　**邮　　编**：100084
　社 总 机：010-83470000　　**邮　　购**：010-62786544
　投稿与读者服务：010-62776969，c-service@tup.tsinghua.edu.cn
　质量反馈：010-62772015，zhiliang@tup.tsinghua.edu.cn
　课件下载：https://www.tup.com.cn，010-83470236
印 装 者：三河市天利华印刷装订有限公司
经　　销：全国新华书店
开　　本：185mm×260mm　**印　张**：11.25　**字　　数**：275 千字
版　　次：2023 年 3 月第 1 版　**印　　次**：2024 年 2 月第3次印刷
印　　数：3001～5000
定　　价：49.90 元

产品编号：092843-01

前言

党的二十大报告强调“必须坚持科技是第一生产力、人才是第一资源、创新是第一动力，深入实施科教兴国战略、人才强国战略、创新驱动发展战略，开辟发展新领域新赛道，不断塑造发展新动能新优势”。

当前人工智能和大数据等领域理论研究和技术研发正在快速地发展，Python作为前沿领域中非常流行的计算机程序设计语言之一，已经被多数高等学校作为入门语言进行普及。它具有简单易懂的语法、结构清晰的程序风格，使读者能在较短时间内掌握相关知识和程序设计方法。另外，其强大的第三方编程库能实现更丰富多样的功能。

本书是湖北省省级一流课程“Python语言程序设计”(鄂教高函〔2021〕14号)(项目编号：202114610)、湖北省省级教学团队“程序设计类课程群教学团队”(鄂教高函〔2021〕2号)(项目编号：20212273)、湖北省省级一流专业“计算机科学与技术”(教高厅函〔2019〕46号)(项目编号：2019275)的阶段性成果。感谢武汉生物工程学院的培育和大力支持。

本书主要内容

本书是一本全面讲解Python语法和基本应用的图书，非常适合编程语言的初学者进行入门学习。通过本书的学习，读者可以很快地熟悉Python编程语言，并能够通过编程解决实际问题。

本书介绍Python的语法和基本应用，共10章。

第1章Python概述，主要介绍Python的历史背景、特点及开发工具的安装等内容，包括Python简介、Python环境配置、集成开发环境、程序编写的基本方法。其中重点介绍了Python的特点、版本差异和安装开发工具的注意事项。

第2章Python基础，主要介绍Python的基础语法，重点介绍了程序的输入与输出、程序风格和运算符等内容，另外，简要介绍了Python的变量与数据类型，以及数字类型。本章对于各类运算的运算规则都给出了详细解释和简单示例。

第3章字符串，主要介绍Python数据类型之一——字符串的相关内容，包括字符串的创建、字符串格式化、字符串的处理。其中重点介绍字符串的提取和切片操作，以及字符串常用的处理方法的使用规范和特点。

第4章流程控制语句，主要介绍流程控制语句，包括程序表示方法、顺序结构、分支结构、循环结构等内容，其中重点介绍了分支结构和循环结构，特别是for循环结构中的range()函数，以及break、continue和pass语句的应用。

第5章复合数据类型，主要介绍Python中的四种复合数据类型，先简单介绍序列、映射和集合的特征，然后重点介绍列表、元组、字典和集合的创建，增、删、改、查的方法和实际应用。其中列表和字典是Python中使用最频繁的数据类型，会详细介绍。

第6章函数与模块，主要介绍函数与模块的内容，先简单介绍函数、函数基础语法，然后重点介绍函数的参数，包括位置参数、关键字参数、默认参数、不定长参数，接着介绍函数返回值、变量的作用域、函数的特殊形式和模块。

第7章异常处理，主要介绍异常处理的相关内容，包括理解异常、处理异常、抛出异常和代码调试，其中重点介绍了常见的异常与对应的含义，以及异常处理机制的应用。

第 8 章面向对象编程，主要介绍面向对象编程等内容，包括理解面向对象思想、类和对象、方法、属性和面向对象特征。其中重点介绍了各种方法的创建和使用、各种属性的创建和使用，还有面向对象三大特征封装、继承和多态。

第 9 章文件处理，主要介绍文件的操作，包括文件基础、文件操作、CSV 和 JSON 文件，其中重点介绍文件的打开、关闭操作，包括打开的各种权限、文件路径、with 关键字等，以及文件的读取、写入和文件指针移动操作等。

第 10 章综合案例，主要介绍数据分析及可视化综合案例，运用 NumPy 和 Matplotlib 模块中的方法，将 Python 的理论学习进阶到实际应用环节，对行业案例和数据进行数据分析并最终生成可视化图表。

本书第 1 章由周方编写，第 2～4 章和第 10 章由朱友康编写，第 5～9 章由陈建雄编写。全书由武汉铁路职业技术学院周方教授统稿审定。

本书特色

(1) 案例丰富，配思维导图。本书具有完整的知识体系，便于读者对基础理论知识点与应用的掌握。

(2) 创新模式，助力教学。本书对应的教学设计采用 BOPPPS 教学模式，使课堂教学更加丰富。

(3) 资源丰富，适合自学。本书配有案例微课视频讲解和企业面试真题练习题等资源，便于学生课后自学。

(4) 语言简明，通俗易懂。本书由浅入深地讲解 Python 的语法和基本应用，尽量做到代码简洁。

配套资源

为便于教与学，本书配有微课视频、源代码、教学课件、教学大纲、BOPPPS 教案、软件安装包。

(1) 获取微课视频方式：读者可以先扫描本书封底的文泉云盘防盗码，再扫描书中相应的视频二维码，观看教学视频。

(2) 获取源代码、软件安装包、全书网址方式：先扫描本书封底的文泉云盘防盗码，再扫描下方二维码，即可获取。

源代码

软件安装包

全书网址

(3) 其他配套资源可以扫描本书封底的"书圈"二维码，关注后回复本书的书号即可下载。

读者对象

本书可作为全国高等学校计算机类相关专业的教材，亦可作为高等学校各专业的通识教材和计算机编程爱好者的自学读物。

本书的编写参考了诸多相关资料，在此表示衷心的感谢。限于个人水平和时间仓促，书中难免存在疏漏之处，欢迎读者批评指正。

作　者

2023 年 1 月

目录

第1章 Python概述

学习目标

- ➢ 了解 Python 的特点、发展和应用领域。
- ➢ 了解 Python 不同版本之间的区别。
- ➢ 掌握 Python 和 PyCharm 开发环境的搭建方法。
- ➢ 掌握 Python 程序的运行方式。

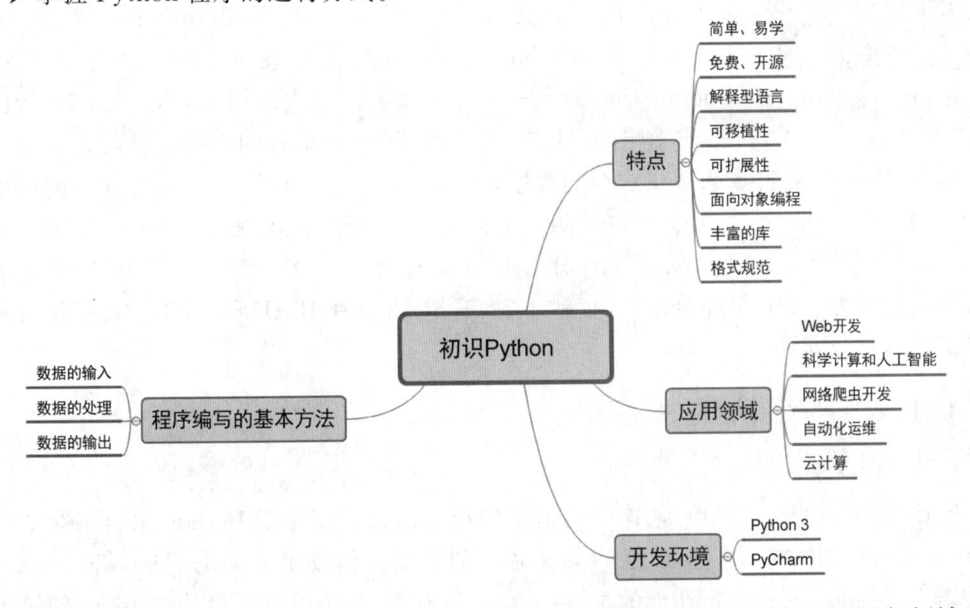

随着信息技术的高速发展，人们的生活已经发生翻天覆地的改变，应用和服务领域呈现多元化趋势，视频、游戏、通信等日常应用都与程序设计语言息息相关。本章将给大家介绍当下最受欢迎的编程语言之一——Python 的诞生和发展历程、Python 语言的开发环境。

1.1 Python 简介

Python 是一种跨平台的、开源的、免费的解释型高级动态编程语言。它采用解释执行方式，支持伪编译将源代码转换为字节码来优化程序，从而提高运行速度，并且支持使用 pyinstaller、py2exe 等工具将 Python 程序及其所有依赖库打包为扩展名为 exe 的可执行程序，使其可脱离 Python 解释器环境和相关依赖库并在 Windows 平台上独立运行。

Python 不仅支持命令式编程、函数式编程，而且支持面向对象的编程，语法简单清晰，并且拥有大量的几乎能支持所有领域应用开发的成熟扩展库。Python 又称为“胶水语言”，因为它可以把多种不同语言编写的程序融合到一起并实现无缝拼接，更好地发挥不同语言和工具的优势，满足不同应用领域的需求。

1.1.1 Python 的发展史

Python 语言的创始人是来自荷兰的吉多·范罗苏姆(Guido van Rossum)。1989 年圣诞节期间，在阿姆斯特丹，吉多为了打发圣诞节的无趣，决定开发一个新的脚本解释程序，作为 ABC 语言的继承。之所以选中 Python(中文释义：蟒蛇)作为该编程语言的名字，是因为吉多酷爱 20 世纪 70 年代首播的英国电视喜剧片《蒙提·派森的飞行马戏团》(Monty Python's Flying Circus)。Python 蟒蛇图标如图 1-1 所示。

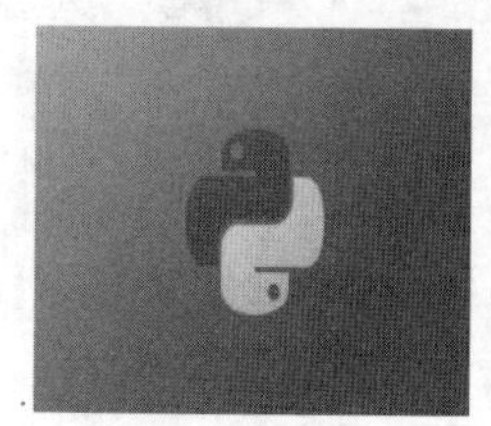

图 1-1 Python 蟒蛇图标

ABC 语言是由吉多参与设计的一种教学语言。在吉多看来，ABC 语言优美且强大，是专门为非专业程序员设计的。但是 ABC 语言并没有成功，吉多认为是该语言没有免费开源造成的。所以吉多决心在 Python 语言上进行完善，就这样，Python 在吉多手中诞生了。可以说，Python 是从 ABC 语言发展起来的，主要受到了 Modula-3 语言(另一种相当优美且强大的语言，为小型团体所设计的)的影响，并且结合了 UNIX Shell 语言和 C 语言的习惯。

如今，Python 已经成为最受欢迎的程序设计语言之一。2004 年以后，Python 的使用率呈线性增长。Python 2 版本于 2000 年 10 月 16 日发布，稳定版本是 Python 2.7。Python 3 版本于 2008 年 12 月 3 日发布，不完全兼容 Python 2 版本。2011 年 1 月，它被 TIOBE 编程语言排行榜评为“2010 年度语言”。直到 2022 年，Python 在 IEEE 和 TIOBE 编程语言排行榜单上基本都位列前三。

1.1.2 Python 的特点

1. 简单、易学

Python 是一种语法简单、层次结构清晰的程序语言。在阅读 Python 语言编写的程序时，让人有一种阅读格式工整规范的英文诗句的感受。相较于其他的程序语言，如 C++、Java 语言，Python 标识特定功能的关键字更少，只有 35 个关键字。另外，Python 精简了语法内容，使程序员能够专注于解决问题而不是去专研语言本身。例如，删除了选择结构中的 switch-case 结构、循环结构中的 do-while 结构等。当然，Python 的简单、易学远不止如此，随着对于 Python 的逐步学习，读者会有更多的体会。

2. 免费、开源

Python 是 FLOSS(Free/Libre and Open Source Software，自由/开放源码软件)之一。简单地说，用户可以自由地发布这个软件的复制版本、阅读它的源代码、对它的源代码做改动、把它的源代码的一部分用于新的自由软件中。这不仅意味着可以免费使用 Python，而且大量的 Python 学习者可以根据自己的经验不断地提供完善 Python 语言的建议，这也是 Python 变得如此强大的重要原因。

3. 解释型语言

Python 语言是一种解释型语言，完成源代码编写并执行后，Python 解释器会逐行进行解释,同时逐行执行。相较于编译型语言,以 C 语言为例,它是通过编译器一次性将源代码编译成目标程序,然后再执行。解释性语言这种边解释边执行的特性,可以保留源代码,对于程序的维护和修改比较方便。而且只要有解释器的系统,源代码就可以直接被移植执行。

4. 可移植性

由于 Python 的开源本质及解释执行的特点,Python 源代码可以在任何装有 Python 解释器的平台上执行,Python 已经可以被移植到许多平台上。如果避免使用依赖于系统的特性,那么所有的 Python 程序无须修改就可以在 Linux、Windows、FreeBSD、Macintosh、Solaris、OS/2、Amiga、AROS 等平台上运行。

5. 可扩展性

Python 可以整合 C、C++ 和 Java 等语言的代码,可以通过接口和函数库将其他语言的代码整合在一起,所以 Python 语言也被称为"胶水语言"。

6. 面向对象

Python 既支持面向过程的编程,也支持面向对象的编程。在面向过程的语言中,程序是由过程或仅仅是可重用代码的函数构建起来的。在面向对象的语言中,程序是由数据和功能组合而成的对象构建起来的。与其他语言(如 C++ 和 Java 语言)相比,Python 以一种非常强大又简单的方式实现面向对象的编程。

7. 丰富的库

Python 的库是具有相关功能模块的集合,其中,模块是实现各种功能的函数、类和可执行代码等内容的集合。Python 的库分为标准库和第三方库。Python 的标准库是自带的,功能齐全,可以用于处理各种常用的工作,包括正则表达式、文档生成、单元测试、线程、数据库、网页浏览器、电子邮件、XML、HTML 和其他与系统有关的操作等。Python 的第三方库更丰富,包括 Scrapy(网络爬虫库)、Django(Web 应用框架)、wxPython(图形用户界面图形库)、matplotlib(数据可视化库)、Pygame(游戏开发库)、OpenCV(计算机视觉库)、sklearn(机器学习库)等。开发者可以直接下载、安装和使用 Python 的第三方库,缩短开发周期,提高开发效率。

8. 格式规范

Python 采用强制缩进的方式来区分代码块,编写代码时,如果没有进行规范的缩进会导致程序产生错误而无法运行。清晰的程序结构能较好地体现代码的逻辑层次,使代码具有更好的可读性,让程序员养成良好的编程习惯。

1.1.3 Python 的应用领域

1. Web 开发

Python 提供了很多 Web 开发框架,可供程序员方便、快速地搭建网站,典型的 Python 语言的 Web 框架有 Django、Web2py、Flask 等。很多大型网站是用 Python 开发的,如国外的 YouTube 视频网站、在线云存储网站 Dropbox、Instagram 社交平台官网等都是用 Python 开发的,国内的豆瓣、知乎等公司的网站也都是通过 Python 开发实现的。

2. 科学计算和人工智能

Python 的第三方库给科学计算带来了极大的便利。例如,NumPy 库使 Python 支持多维数组和矩阵运算,Pandas 库可以进行数据清洗与分析处理,常用于金融和统计领域的数据分析处理，SciPy 库可以进行最优化、线性代数、积分、插值、特殊函数、快速傅里叶变换、信号处理和图像处理、常微分方程求解和其他科学与工程中常用的计算，matplotlib 库可以绘制丰富的可视化图表等。

在人工智能领域，Python 是非常受欢迎的语言之一。Python 的 sklearn 库集成了大量机器学习的算法，如支持向量机、朴素贝叶斯、决策树等算法，并且内置数据集用于模型训练。NLTK 库用于自然语言处理，可以进行词性标注、词形还原等操作。另外，TensorFlow、Caffe 等深度学习框架也是基于 Python 开发的。

3. 网络爬虫

Python 可以编写网络爬虫程序有针对性地爬取网络数据。例如，基于 Python 的网络爬虫框架 Scrapy，用户只需要编写少量的代码，就可以实现网页文字和图片等内容的爬取。另外，Beautiful Soup、Crawley 等框架也可以进行网络爬虫程序开发。

4. 自动化运维

使用 Python 编写自动化脚本，可以实现运维工作自动化，把运维人员从服务器的管理中解放出来，让运维工作变得简单、快速、准确。

5. 云计算

目前，云计算的发展使可弹性扩展的计算机资源成为了一种非常方便的、安全可靠的技术产品，而 Python 是从事云计算工作需要掌握的一种编程语言。目前流行的云计算框架 OpenStack 是由 Python 开发的，如果想要深入学习云计算并进行二次开发，就需要具备 Python 程序设计的技能。

1.1.4 Python 不同版本的区别

目前，Python 的最新版本为 Python 3. x（x 代表 Python 第 3 代版本中不同的子版本，如 1、2、3 等），相较于 Python 2. x 的早期版本，Python 3. x 版本具有较大的升级，后面分别用 Python 3 和 Python 2 表示 Python 3. x 和 Python 2. x。目前，Python 2 版本的应用还未完全被 Python 3 取代，而 Python 3 版本在设计时未考虑向前兼容，所以对于学习者来说，了解两个版本之间的主要差异至关重要，下面详细介绍两个版本间的主要差异。

（1）Python 3 中输入函数为 input()函数，删除了 Python 2 中的 raw_input()函数，Python 3 中输出函数是 print()函数，替换了 Python 2 中的 print 语句。

（2）Python 3 中默认使用 UTF-8 编码，可以很好地支持中文和其他非英文字符的处理。

（3）Python 3 在进行除法运算时，无论除数和被除数是整数还是浮点数，结果都是浮点数。避免了 Python 2 在进行除法运算时还需要考查除数和被除数的数据类型。

（4）Python 3 中引入了 as 关键字，捕获异常的语法由 except ErrorName，var 变更为 except ErrorName as var。

（5）Python 3 的 range()函数代替了 Python 2 中 xrange()函数，用来生成数字序列。

（6）在 Python 3 中，表示八进制数要以 0o 开头，如 0o1000。

（7）Python 3 中的不等于号去掉了<>写法，只有!＝一种写法，与 C 语言等其他编程语言保持一致，语法更加简洁。

（8）Python 3 取消了 exec 语句，只保留了 exec()函数，用来执行存储在字符串或文件中的 Python 代码。

(9) Python 3 去除了 long 类型,只有一种整型——int 类型,它的作用跟 Python 2 中的 long 类型类似。

1.2 Python 环境配置

1.2.1 安装 Python 解释器

Python 是跨平台的开发工具,可在 Windows、Linux 和 macOS 等主流操作系统上运行。Python 官网(详见前言二维码)上可以下载各个版本的 Python 安装包,并配套最新源码、二进制文档和新闻资讯。Python 2 版本已于 2020 年 1 月 1 日停止更新,下面介绍 Windows 操作系统下 Python 3.9.1 的安装方式。

(1) 访问 Python 官网(见图 1-2),选择 Downloads → Windows → Download for Windows Python 3.9.1(因版本更新迭代,版本会有所不同,在此处会显示最新版本),下载最新版 64 位 Python 安装包。

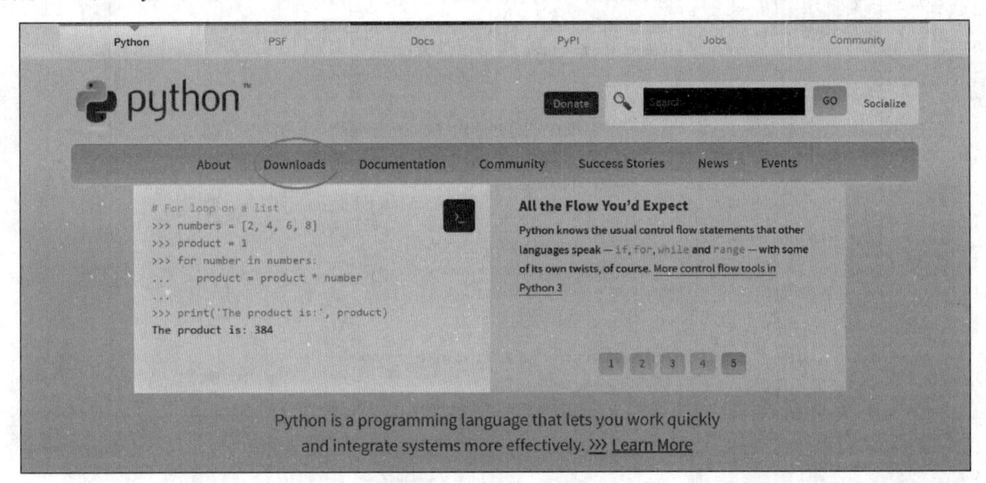

图 1-2 Python 官网

(2) 或者进入 Windows 页面之后,如图 1-3 可以选择各个版本的安装包,有 32bit(x86) 和 64bit(x86-64)版本的,一般选择 installer 版本或者 executable installer 版本即可。

(3) 安装包下载完成之后,双击安装包,安装程序开始运行,安装界面如图 1-4 所示。

首先,确保在安装界面中 Add Python 3.9 to PATH 复选框已勾选。因为在勾选该复选框后,程序会自动将 Python 添加到环境变量中,否则需要手动配置。其中,第一个复选框是默认选中状态,不需要更改。

然后,安装界面上有两种安装方式:第一,Install Now 是默认安装方式(推荐使用);第二,Customize installation 是自定义安装方式,可以自定义安装路径。以默认安装方式为例,单击 Install Now 选项后,开始安装 Python,当出现如图 1-5 所示的界面时,说明 Python 已经安装成功。

(4) 打开计算机"开始"菜单,展开"开始"菜单中的 Python 3.9 菜单目录,如图 1-6 所示,其中 IDLE(Python 3.9 64-bit)是 Python 自带的集成开发环境,Python 3.9(64-bit)是

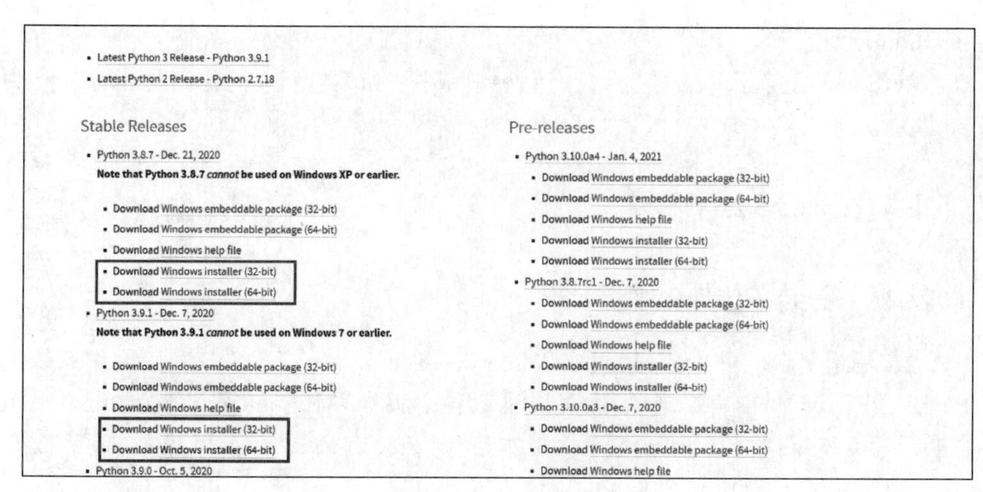

图 1-3　下载 32 位或者 64 位安装包

图 1-4　安装界面

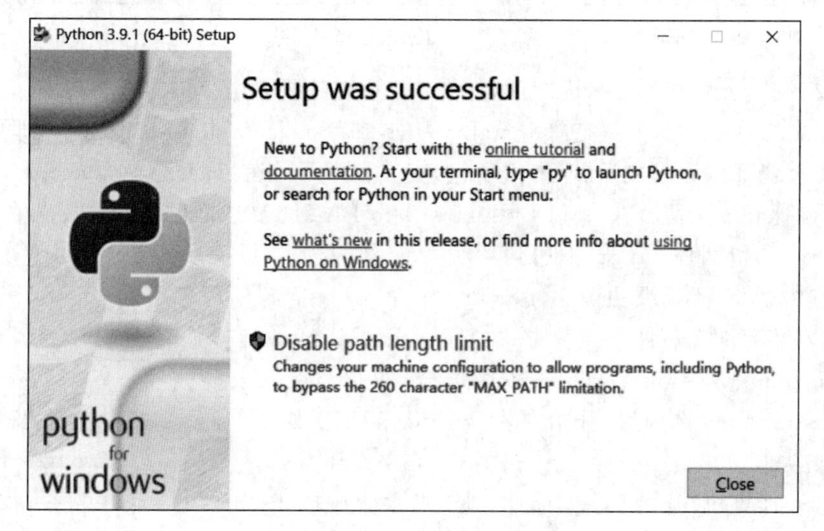

图 1-5　Python 安装成功界面

交互式编程环境，单击该选项后即可进入 Python 交互式编程界面，如图 1-7 所示。而 Python 3.9 Manuals(64-bit)是 Python 官方帮助手册，便于用户快速查阅 Python 语法等相关内容，Python 3.9 Module Docs(64-bit)可以用来查看当前环境中已安装模块的相关信息。

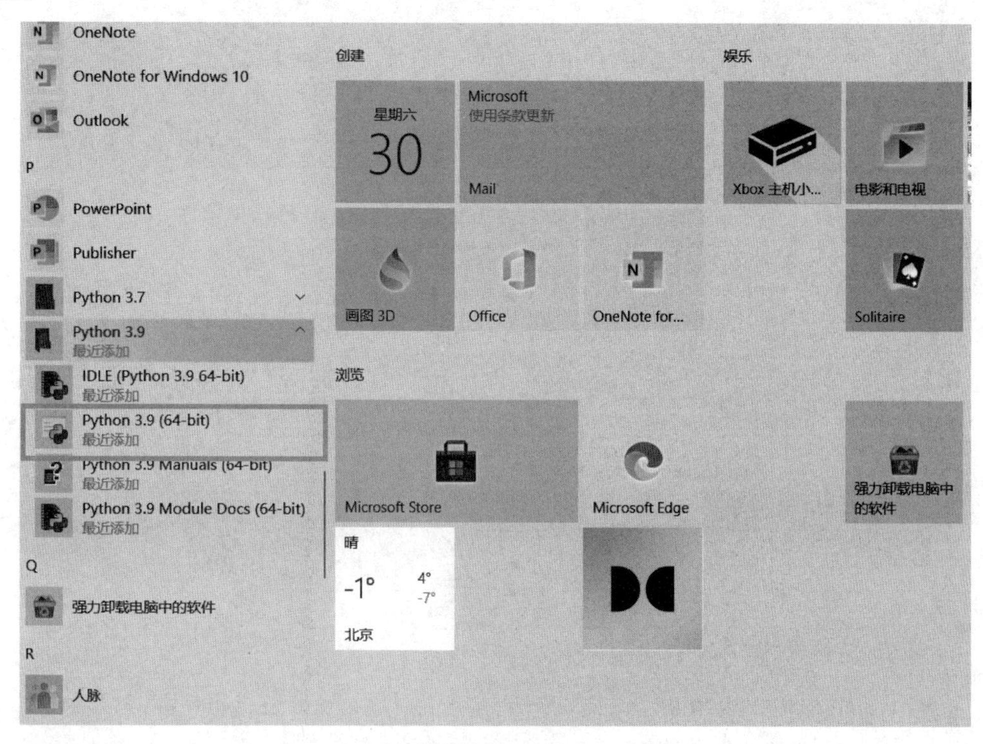

图 1-6 “开始”菜单中的 Python 3.9 菜单目录

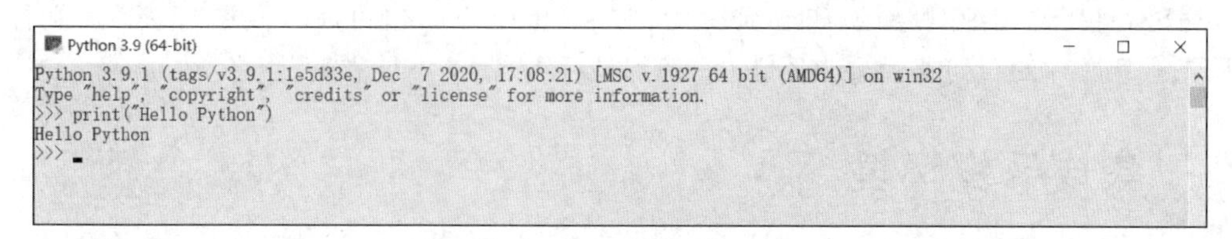

图 1-7 Python 交互式编程界面

1.2.2 Python 程序的运行方式

使用 Python 编程有两种方式：交互式编程和文件式编程。交互式编程是解释器逐行对代码进行快速响应；文件式编程是先将程序全部写完保存在文件中后，再使用 Python 解释器一次性地解释执行。

1. 交互式编程

打开 Python 3.9 交互式编程界面即可进行交互式的编程，快速的响应方式方便 Python 学习者进行简单的程序编写和学习。编写代码时，在命令提示符>>>后输入代码，交互式编程示例如图 1-8 所示。

每输入一行代码，按 Enter 键，即可输入下一行代码或者执行相应的代码。

```
Python 3.9 (64-bit)
Python 3.9.1 (tags/v3.9.1:1e5d33e, Dec  7 2020, 17:08:21) [MSC v.1927 64 bit (AMD64)] on win32
Type "help", "copyright", "credits" or "license" for more information.
>>> x = 10
>>> y = 13
>>> print("x+y={}".format(x+y))
x+y=23
>>>
```

图 1-8　交互式编程示例

2. 文件式编程

创建一个记事本文件并打开，首先在英文格式输入状态下，将需要运行的 Python 代码写入文件中，保存为 py 格式的 Python 文件，然后 Windows＋R 组合键打开运行框，输入 cmd，跳转到 Python 文件所在路径。输入命令 python hello. py（注意：后缀名 py 不能省略），运行结果如图 1-9 所示。

```
C:\Users>cd C:\test

C:\test>python hello.py
Hello Python!

C:\test>
```

图 1-9　文件式编程

可以使用 cd 命令将当前路径切换到需要运行的 Python 文件路径，如 cd C:\test。然后，按 Enter 键后，在命令提示符（>）后输入命令，如 python hello. py，即可运行文件中的程序。另外，直接使用绝对路径，如 python C:\test\hello. py，也可以直接运行文件。文件式编程要注意文件的存储路径要书写正确，特别是后缀名 py 不能省略。

1.3　集成开发环境

Python 解释器安装完成后，在进行 Python 学习和实际项目开发时，往往需要进行大量的代码调试与版本迭代等工作，所以需要用到集成开发环境（Integrated Development Environment，IDE）。IDE 会提供各种功能丰富的插件以实现代码调试、高亮显示、智能提示和代码补全等功能，以提高开发者的编程效率。常用的 Python IDE 有 PyCharm、Eclipse＋PyDev、Visual Studio、Sublime Text、Vim 等。本节选择的 IDE 是 PyCharm，接下来介绍 Windows 操作系统下 PyCharm 的安装和使用。

1.3.1　PyCharm 的下载与安装

（1）在浏览器中搜索 PyCharm 官网，进入 PyCharm 的官网下载界面，如图 1-10 所示。

图 1-10 中对应 PyCharm 的两种版本：专业版本（Professional）和社区版本（Community）。

专业版本的特点：提供 Python IDE 的所有功能，支持 Web 开发；支持 Django、Flask、

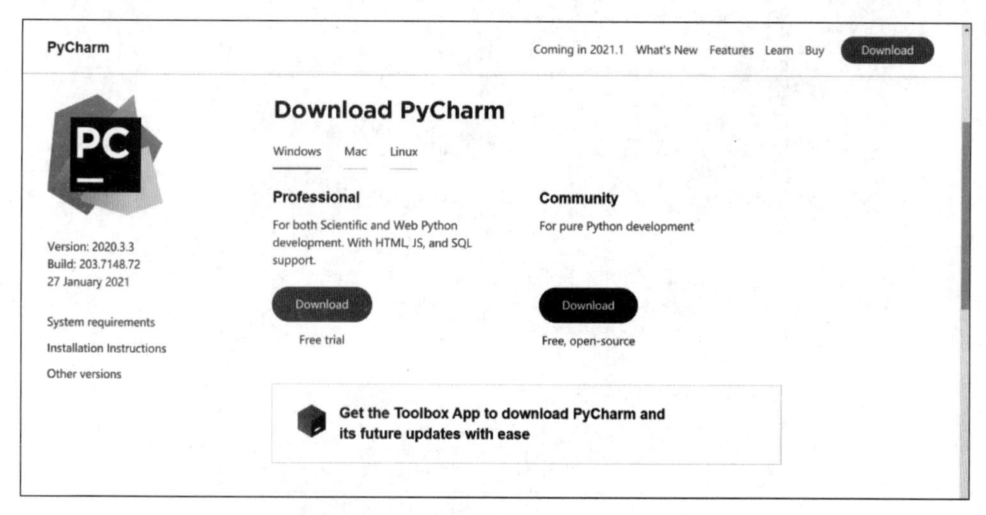

图 1-10 PyCharm 的官网下载界面

Google App 引擎、Pyramid 和 Web2py；支持 JavaScript、CoffeeScript、TypeScript、CSS 和 Cython 等；支持远程开发、Python 分析器、数据库和 SQL 语句。

社区版本的特点：是轻量级 Python IDE，只支持 Python 开发；免费、开源、集成 Apache 2 的许可证；智能编辑器、调试器、支持重构和错误检查，集成 VCS 版本控制。

(2) 因为社区版本基本能够满足日常开发学习的需求，而且是免费的，所以选择下载 Windows 下的社区版本。安装包下载完成后，双击安装包进入 PyCharm 安装界面，如图 1-11 所示，单击 Next 按钮，进入选择安装路径界面，如图 1-12 所示。

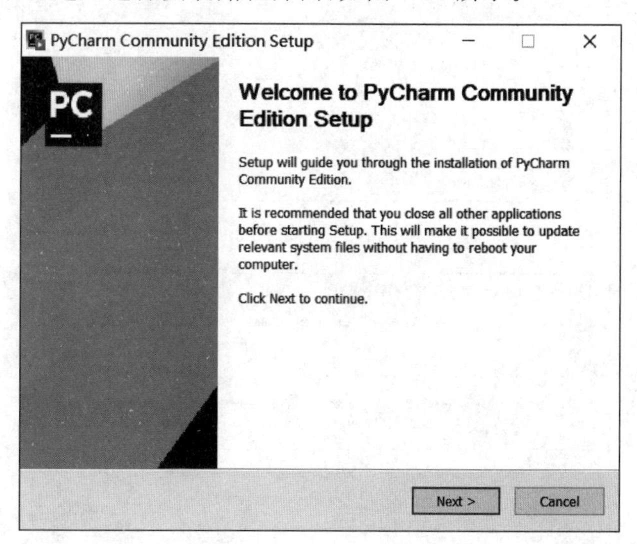

图 1-11 PyCharm 安装界面

(3) 选择安装的路径，可以根据实际情况单击 Browse 按钮来选择安装路径，然后继续单击 Next 按钮，进入配置界面，如图 1-13 所示。

(4) 配置界面中的内容保持默认设置不变，单击 Next 按钮，进入选择启动菜单界面如图 1-14 所示。

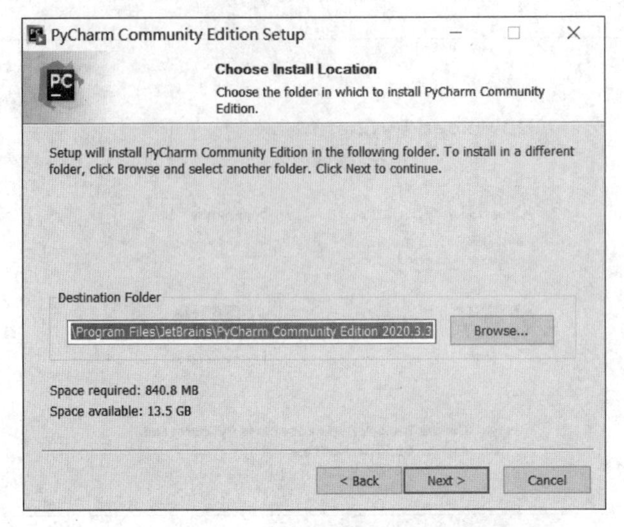

图 1-12　选择安装路径界面

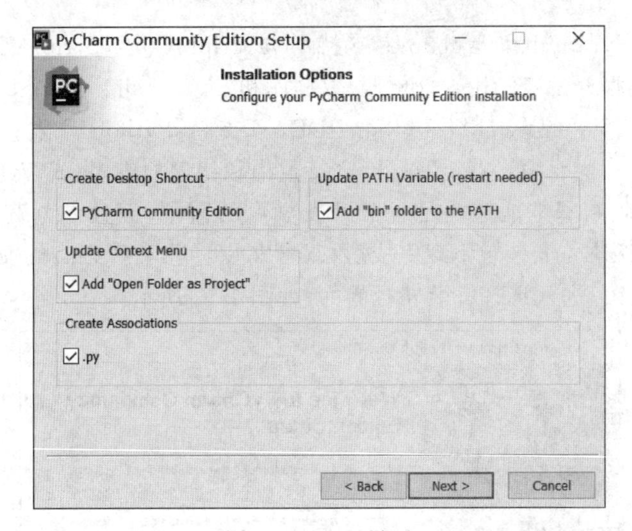

图 1-13　配置界面

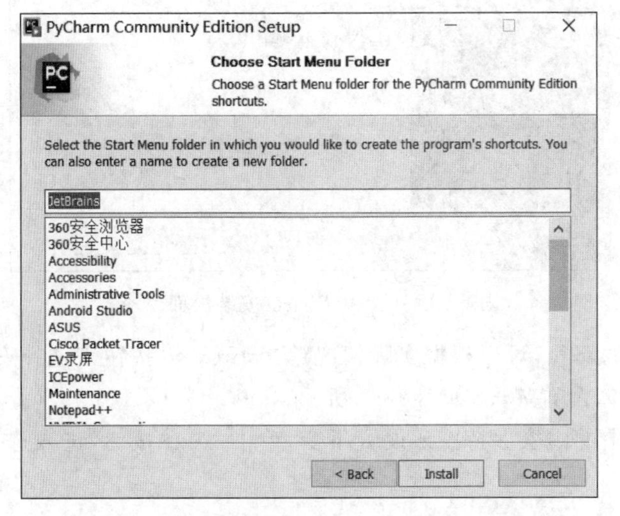

图 1-14　选择启动菜单界面

(5) 单击 Install 按钮，进行 PyCharm 的安装，默认会在“开始”菜单中创建快捷方式。

(6) 待进度条完成后，出现 Reboot now(立即重启)和 I want to manually reboot later (稍后重启)两个单选按钮。默认选第二个即可，然后单击 Finish 按钮，如图 1-15 所示。

图 1-15 完成安装

1.3.2 PyCharm 的使用

(1) PyCharm 安装完成后，桌面会出现 PyCharm 的快捷方式图标，双击图标，进入用户协议界面，如图 1-16 所示。勾选同意用户协议的复选框后，Continue 按钮会从灰色变为亮色，单击 Continue 按钮，进入数据共享界面，如图 1-17 所示。

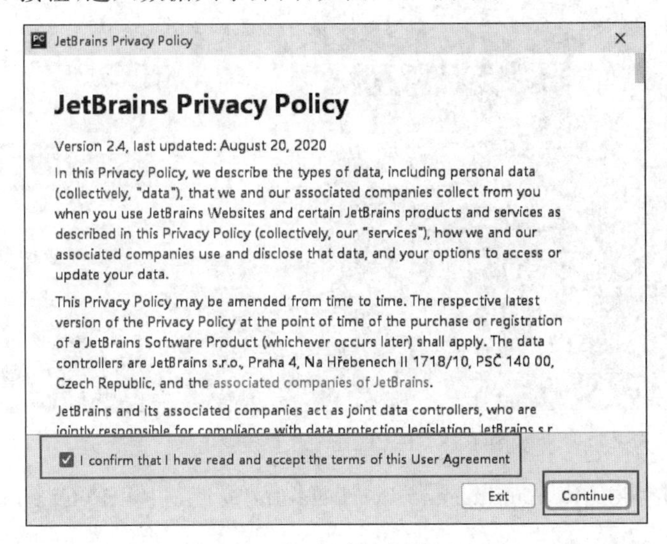

图 1-16 用户协议界面

(2) 在数据共享界面单击 Don't Send 按钮，进入 PyCharm UI 自定义界面，如图 1-18 所示。

(3) 在 PyCharm UI 自定义界面中默认背景设置为 Darcula，可以调整为 Light，其余保

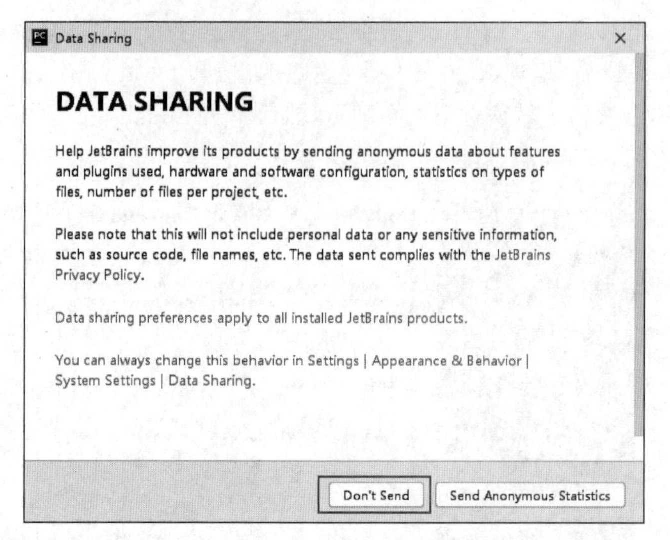

图 1-17　数据共享界面

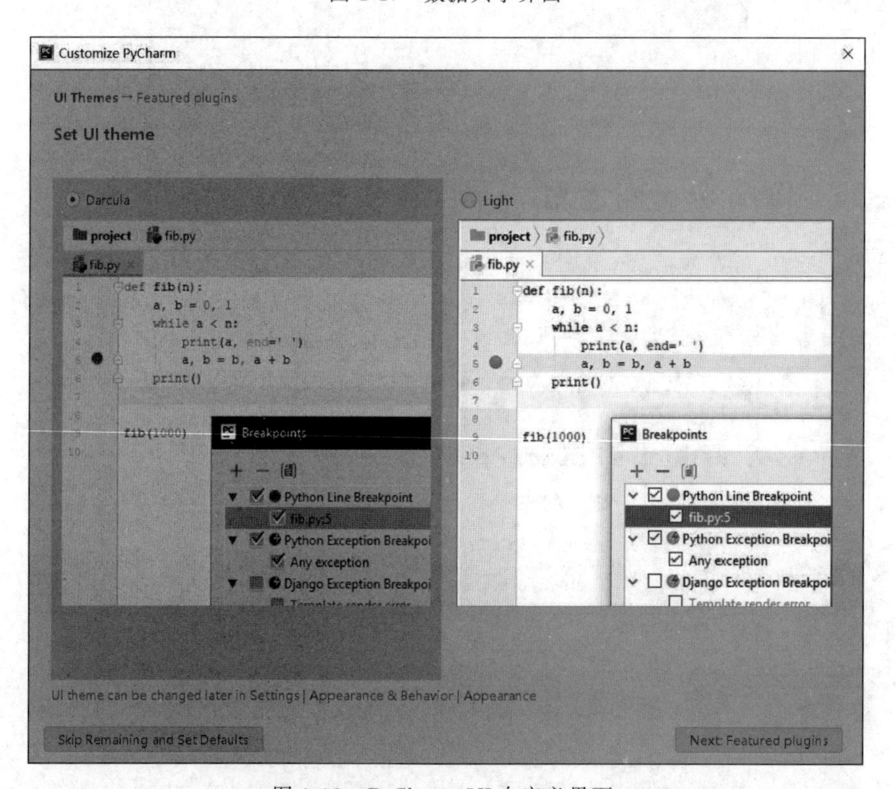

图 1-18　PyCharm UI 自定义界面

持默认设置。单击 Skip Remaining and Set Defaults 按钮，进入 PyCharm 的欢迎界面，如图 1-19 所示。

（4）欢迎界面中有以下 3 个选项。

① New Project：创建新的项目。

② Open：打开已经创建好的项目。

③ Get from VCS：获取版本控制中的项目。

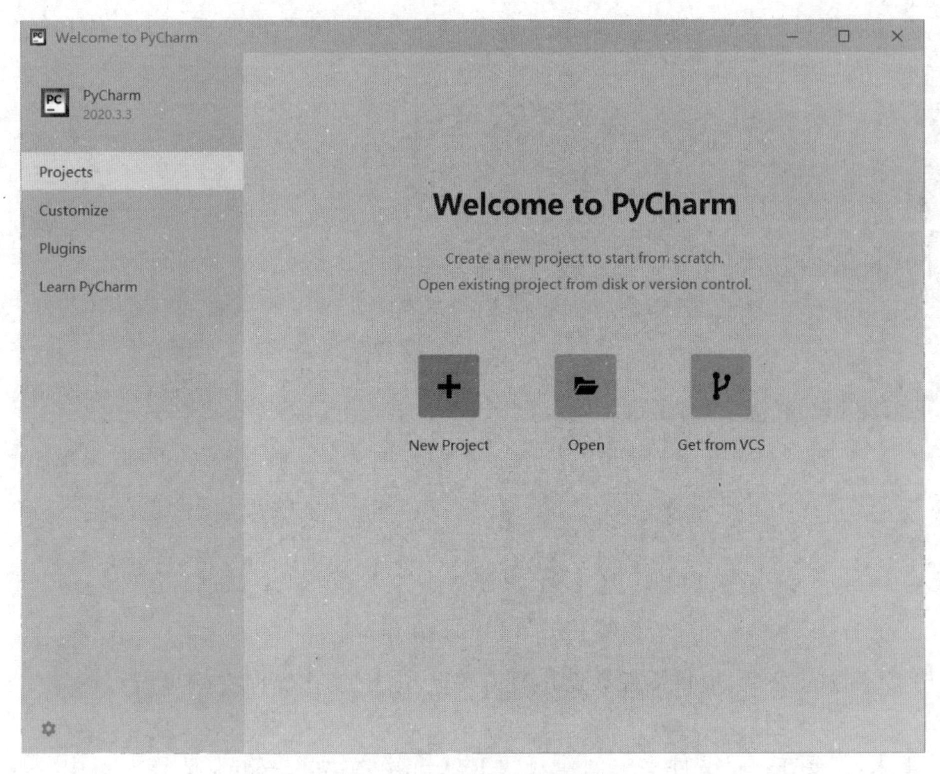

图 1-19　PyCharm 欢迎界面

单击 New Project 按钮创建一个新的项目，进入项目文件夹命名界面，如图 1-20 所示。

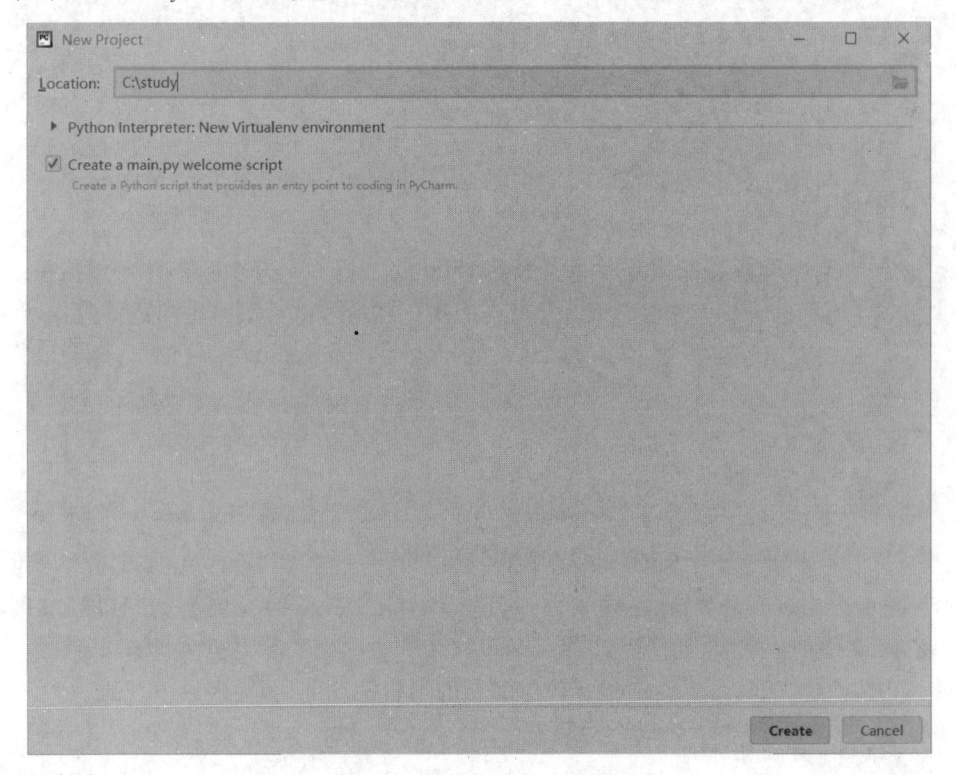

图 1-20　项目文件夹命名界面

（5）设置项目的存储路径，并给项目命名，如 study。设置完成后，单击右下角 Create 按钮，进入 PyCharm 工作界面，如图 1-21 所示。

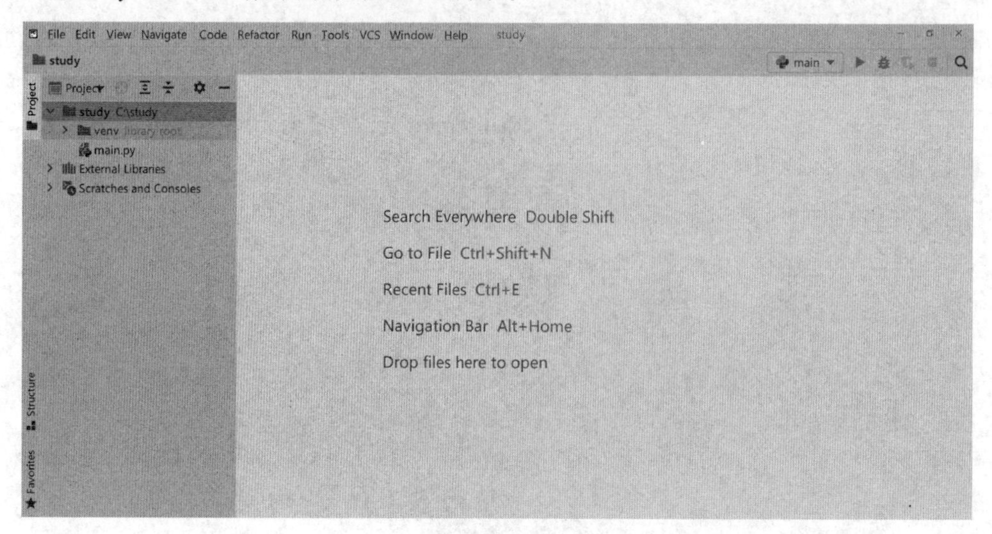

图 1-21　PyCharm 工作界面

（6）项目创建好后，项目文件夹会出现在 PyCharm 工作界面左侧导航栏的第一行（见图 1-21）。

接下来，需要在项目文件夹中创建新的 Python 源文件。右击左侧导航栏中的项目文件夹 study，在弹出的菜单栏中选择 New→Python File 选项，如图 1-22 所示。

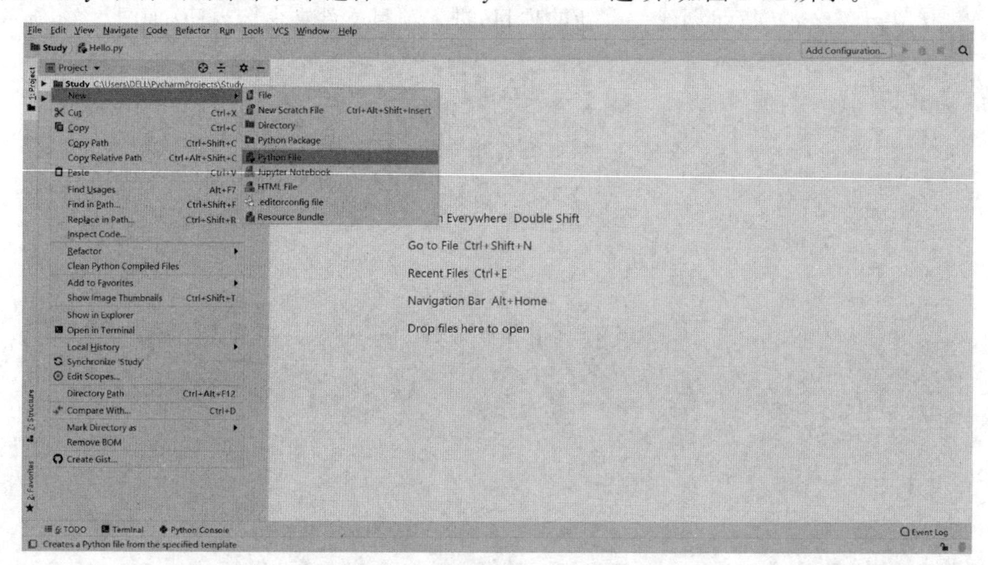

图 1-22　创建新的 Python 文件

（7）桌面会出现一个弹窗，在输入框中设置 Python 源文件的名称，如“Hello”，然后按 Enter 键，则文件创建完成，如图 1-23 所示。

（8）文件创建完成后，界面右侧是程序编写的编辑区。例如，输入以下代码：

```
print("Hello Python!!!")
```

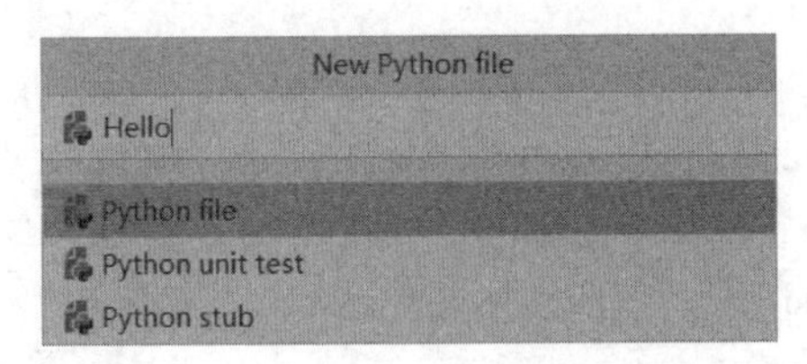

图 1-23　Python 文件命名

写完代码后，可以右键单击编辑区的空白区域或者在导航栏中右击 Hello.py 源文件，在弹出的菜单中选择 Run “Hello”选项，运行程序，如图 1-24 所示。

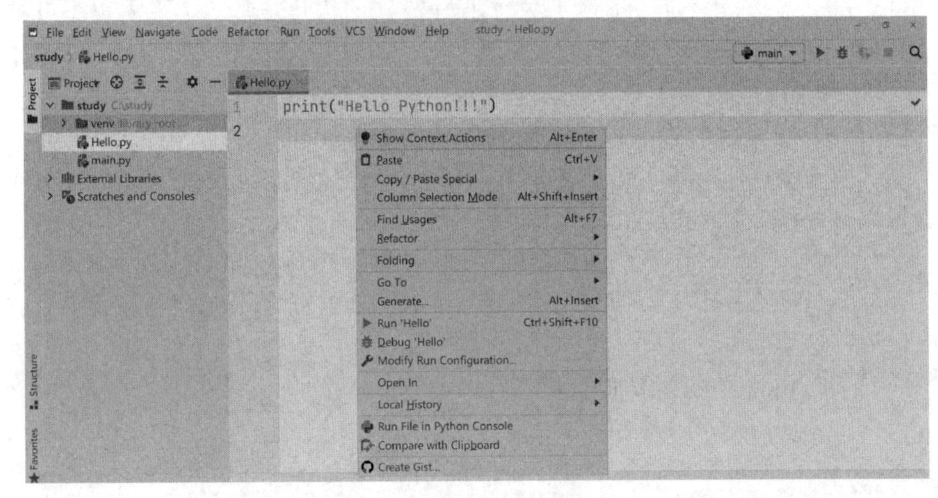

图 1-24　运行 Python 程序

程序的运行结果会在导航栏和编辑区下方显示，如图 1-25 所示。

图 1-25　程序的运行结果

1.4　程序编写的基本方法

视频讲解

程序的开发一般需要以下 3 个步骤。

1. 数据的输入

程序是用来解决实际问题的、实现具体功能的，而在完成这些工作时，大多数情况下需要原始数据的输入。在 Python 中主要使用 input() 函数获取用户输入的原始数据，在后续章节会详细讲解输入函数的语法及其应用。

2. 数据的处理

数据的处理是程序开发过程中的核心，体现了解决问题的主要逻辑。而在计算机领域中，这种数据处理的逻辑代码，是程序的灵魂，即“算法”的主体部分。处理数据的算法不同，对应的算法效率也会各有不同。而实现对于程序算法的优化是每一个优秀程序员必备的能力。

3. 数据的输出

数据处理完成后，产生的结果是需要输出的。而在 Python 中最常用的输出函数是 print()，后续章节会详细讲解。另外，在程序算法的编写过程中要注意：可以有零个或者多个输入，但至少要有一个或者多个输出。

为了让读者对 Python 程序形成初步的认知，现利用 Python 语言实现简单的加密、解密功能，将需要加密的字符串文本转换为 UTF-8 编码值，解密时，将编码值转换为对应文本内容，代码如例 1-1 所示。

【例 1-1】 Python 语言实现加密、解密代码示例。

```
def encode(words):                       # 加密函数:可将传递过来的字符串转换为编码值
    arr = []                             # 列表类型
    for i in words:                      # for 循环结构
        unicode_num = ord(i)             # ord()函数将字符转换为对应的 UTF-8 编码值
        arr.append(unicode_num)          # 列表增加方法
    return arr                           # 返回编码值

def decode(uni_arr):                     # 解密函数:可将编码值转换为对应字符串
    word_str = ""                        # 字符串类型
    for i in uni_arr:
        word = chr(i)                    # chr()函数将 Unicode 编码值转换为对应字符
        word_str += word                 # 将字符合并成字符串
    return word_str
```

例如，现在需要将“好好学习，天天向上。”文本进行加密，程序代码如下：

```
# 输入需要加密的文本内容
sentence = input("请输入您要加密的内容:")
# 调用加密函数将文本内容加密
num = encode(sentence)
# 输出加密后的数字
print("加密后的数字分别是:{}".format(num))
```

上述代码的执行结果如下所示：

```
请输入您要加密的内容:好好学习,天天向上。
加密后的数字分别是:[22909, 22909, 23398, 20064, 65292, 22825, 22825, 21521, 19978, 12290]
```

如果需要解密，则调用解密函数，输出即可。不难发现 Python 是用缩进来表示代码结构的，层次非常清楚，而且代码可读性强，很容易理解，是一种可快速入门的计算机编程语言。

上述代码中包含了变量的数据类型、输入输出语句、格式控制、运算符、流程控制结构和函数等 Python 基本语法的内容，在后续章节会进行详细讲解。

本章小结

本章首先介绍 Python 语言的发展、Python 的特点、应用领域、Python 2 和 Python 3 版本之间的主要区别，然后对 Python 开发环境的配置和使用进行了详尽的讲解，主要包括 Python 和 PyCharm 的安装和使用，最后简单介绍了程序开发的基本方法：数据的输入、数据的处理和数据的输出。并结合一个实际应用程序的开发示例，展示了 Python 的代码风格和后续需要学习的各类语法知识点。

Python基础

学习目标

➢ 理解 Python 中的输入、输出函数。
➢ 了解 Python 的编程风格,并熟练运用。
➢ 了解 Python 中的变量和数据类型。
➢ 掌握 Python 中标识符的命名规范。
➢ 了解 Python 中的关键字。
➢ 掌握不同运算符的作用,会进行不同类型的数据运算。

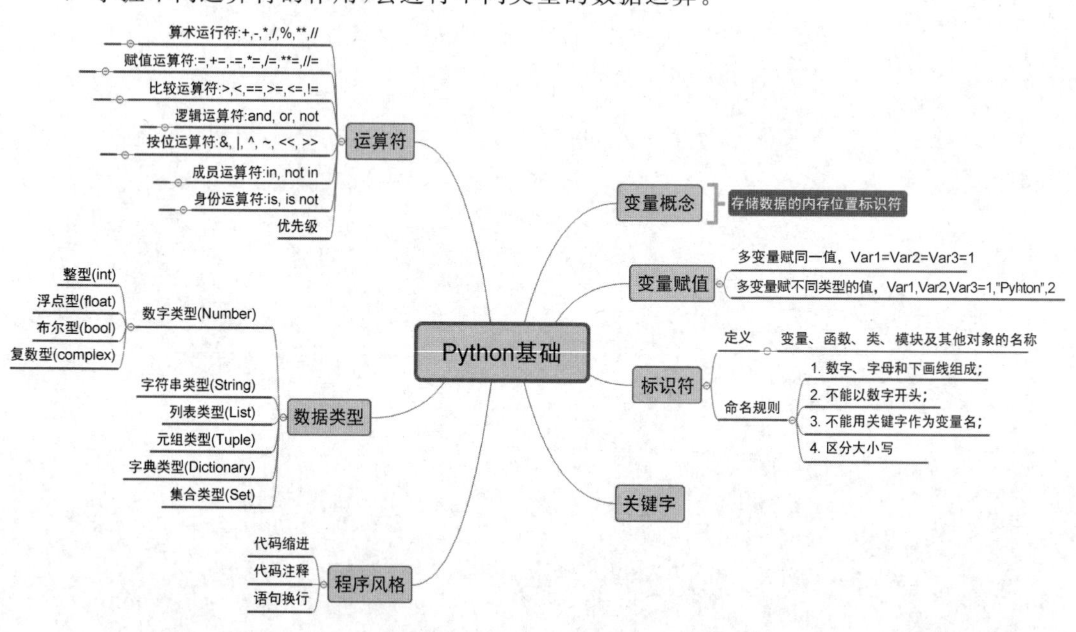

本章主要讲解 Python 的基础语法知识,包括变量、数据类型、运算符、数据类型转换等。需非常熟练地掌握本章内容,为学习 Python 的其他知识做好充分的准备。

2.1 程序的输入与输出

2.1.1 输入函数 input()

Python 3 提供了 input()函数来接收用户从键盘的输入,input()函数将所有输入都作为字符串类型来处理。用 input()接收一个数字,也会存储成字符串类型,需要格外注意,代码如例 2-1 所示。

【例 2-1】 input()接收数据代码示例。

```
num=input("请输入一个整数:")
print(type(num))
```

输出结果如下:

```
请输入一个整数:2018
<class 'str'>
```

type()函数用来判断数据的类型,可知 2018 为字符串类型的数据。但是在实际使用中需要各种类型的数据,例如,整型,最简单的方式是用 int()函数来转换,代码如例 2-7 所示。

【例 2-2】 int()函数类型转换代码示例。

```
num=int(input("请输入一个整数:"))
print(type(num))
```

输出结果如下:

```
请输入一个整数:2018
<class 'int'>
```

此时得到的 2018 为 int 整型数据。

2.1.2　输出函数 print()

print()函数是 Python 3 中的内置函数,功能是打印输出各种类型的数据。print()函数的语法如下:

```
print( * objects, sep=' ', end='\n', file=sys.stdout, flush=False)
```

其中的参数作用如下。

objects:表示输出的对象,可以一次输出多个对象。输出多个对象时,需要用逗号分隔。

sep:指定间隔符,用来间隔多个输出对象,默认值是一个空格。

end:用来指定输出所有数据之后添加的符号。默认值是换行符 \n,可以换成其他符号。

file:要写入的文件对象。

flush:输出是否被缓存通常取决于 file 关键字,如果 flush 关键字参数为 True,就会被强制刷新。

另外,print()函数没有返回值。

(1) 输出字符串,字符串类型可以使用双引号标注,代码如例 2-3 所示。

【例 2-3】 print()函数输出字符串代码示例。

```
print("Hello World")
print("Hello Python")
```

输出结果如下：

```
Hello World
Hello Python
```

（2）数字类型可以直接输出，如果是包含运算符的表达式则输出结果，代码如例 2-4 所示。

【例 2-4】 print()函数输出数字或者表达式代码示例。

```
print(255)
print(1+3*8/4)
```

输出结果如下：

```
255
7.0
```

（3）可以一次输出多个对象，对象之间用逗号分隔，代码如例 2-5 所示。

【例 2-5】 print()函数输出多个数据代码示例。

```
a=1
b="Hello World"
print(a, b)
```

输出结果如下：

```
1 Hello World
```

（4）用 sep 参数设置间隔符，代码如例 2-6 所示。

【例 2-6】 print()函数 sep 参数设置代码示例。

```
print("www", "Python", "com")                 # sep 参数默认值是空格
print("www", "Python", "com", sep=".")
```

输出结果如下：

```
www Python com
www.Python.com
```

（5）格式化输出数据。例如，格式化输出浮点数，代码如例 2-7 所示。

【例 2-7】 格式化输出代码示例。

```
pi = 3.141592653
print('%5.3f' % pi)
```

输出结果如下：

```
3.142
```

变量 pi 中的数据被格式化输出，输出的数据被控制为 5 个空格大小的宽度，输出的数

据保留 3 位小数。详细的字符串格式化会在第 3 章进行详细介绍。

2.2 程序风格

Python 是一门优雅的程序设计语言,它的代码定义清晰,阅读一个良好的 Python 程序就感觉像是在读英语一样。Python 同其他的程序设计语言一样,具有自己独树一帜的程序风格。

2.2.1 代码缩进

Python 最具特色的代码风格是使用缩进来区分代码块,不需要使用大括号{}进行区分,而且是强制缩进,掌握不当会导致程序异常。缩进的空格数是可变的,但是同一个代码块的语句必须包含相同的缩进空格数,代码如例 2-8 所示。

【例 2-8】 程序缩进代码示例。

```
x = 10
if x > 0:
    y = x * x
    print(x, "大于或等于 0", "y=", y)
elif x < 0:
    y = x-1
    print(x, "小于 0", "y=", y)
else:
    y = 0
    print(x, "等于 0", "y=", y)
```

如果同一个代码块的语句缩进空格数不一致,会导致程序运行错误,例如,例 2-9 中代码最后一行语句缩进的空格数不一致,编译会出现语法错误,代码如例 2-9 所示。

【例 2-9】 错误的程序缩进代码示例。

```
a = 10
if a % 2 == 0:
    print(a)
    print("是偶数")
else:
    print(a)
print("是奇数")                # 缩进不一致,会导致运行错误
```

以上程序代码的语句缩进不一致,执行后会出现以下错误,即缩进异常,异常信息如下:

```
IndentationError:unindent does not match any outer indentation level
```

2.2.2 代码注释

Python 的代码注释的主要作用是对代码进行解释说明,注释的内容可以放在代码前

面、后面或右侧，当然也可以直接注释不想执行的代码，而注释的方法分为 2 种：单行注释和多行注释。

（1）单行注释以＃开头，代码如例 2-10 所示。

【例 2-10】 单行注释代码示例。

```
# 这是第一个注释
print("Python comment!")                    # 这是第二个注释
```

（2）多行注释有以下 3 种方法。

① 多个 ＃ 号实现多行注释。

② 三重单引号'''实现多行注释。

③ 三重双引号"""实现多行注释。

代码如例 2-11 所示。

【例 2-11】 多行注释代码示例。

```
# 第一种使用#多行注释
# 第一种使用#多行注释

'''
第二种三重单引号实现多行注释
第二种三重单引号实现多行注释
'''

"""
第三种三重双引号实现多行注释
第三种三重双引号实现多行注释
"""
print("Python comment!")
```

多学一招：在 PyCharm 开发环境中，可以使用 Ctrl+/组合键，直接将多行选择的内容，进行注释，再次使用 Ctrl+/组合键可取消注释。

2.2.3 语句换行

Python 通常是一行写完一条语句，但如果语句很长，可以使用反斜杠(\)实现多行语句，代码如例 2-12 所示。

【例 2-12】 一条语句多行显示的代码示例。

```
var_total = var_one + \
    var_two + \
    var_three
```

在[]、{}或()中的多行语句，不需要使用反斜杠(\)，代码示例如下：

```
var_total = ['element_one', 'element _two', 'element _three',
    'element _four', 'element _five']
```

2.3　变量与数据类型

2.3.1　标识符和关键字

1. 标识符

简单地理解，标识符是一个名字，就好像每个人都有属于自己的名字，它的主要作用是作为变量、函数、类、模块以及其他对象的名称。

Python 中标识符的命名不是随意的，而是要遵守一定的语法规则。需要遵守的语法规则如下。

(1) 标识符由字母(A～Z 和 a～z)、下画线和数字组成。

(2) 标识符不能以数字开头，只能由字符或下画线开头。

(3) 不能用 Python 中的关键字作为标识符。

(4) Python 中的标识符区分大小写。

标识符的命名，除了要遵守以上规则外，不同场景中的标识符，其名称也有一定的规范可循，例如：

(1) 在命名标识符时要尽量做到见名知义，提高代码的可读性。

(2) 当标识符用作模块名时，应尽量短小，并且全部使用小写字母，可以使用下画线分割多个字母，如 game_mian、game_register 等。

(3) 当标识符用作类名时，应采用英文单词首字母大写(大驼峰命名)的形式。例如，定义一个图书类，可以命名为 Book。

(4) 模块内部的类名，可以采用"下画线＋英文单词首字母大写"的形式，如_Book。

(5) 函数名、变量名、类中的属性名和方法名，应全部使用小写字母，多个英文单词间可以用下画线分割，如 name、age、get_score 等。

2. 关键字

关键字是指 Python 中已经被赋予特定意义的英文单词，又称为保留字。开发者在开发程序时，不能用关键字作为标识符给变量、函数、类、模块以及其他对象命名。Python 中的关键字如表 2-1 所示。

表 2-1　Python 中的关键字

and	as	assert	break	class	continue
def	del	elif	else	except	finally
for	from	False	global	if	import
in	is	lambda	nonlocal	not	None
or	pass	raise	return	try	True
while	with	yield	await	async	

需要注意的是，由于 Python 是严格区分大小写的，关键字也不例外。所以，可以说 if 是关键字，但 IF 就不是关键字。

Python 包含的关键字可以执行如下命令进行查看。

```
>>> import keyword
>>> keyword.kwlist
['False', 'None', 'True', 'and', 'as', 'assert', 'async', 'await', 'break', 'class', 'continue', 'def',
'del', 'elif', 'else', 'except', 'finally', 'for', 'from', 'global', 'if', 'import', 'in', 'is', 'lambda',
'nonlocal', 'not', 'or', 'pass', 'raise', 'return', 'try', 'while', 'with', 'yield']
```

2.3.2 数据类型

变量指存储数据的内存地址标识符，这意味着在创建变量时会在内存中开辟一个空间。基于变量的数据类型，解释器会分配指定内存，并决定什么类型的数据可以被存储在内存中。因此，变量可以指定不同的数据类型，这些变量可以存储整数、小数或字符串等。

在内存中存储的数据可以有多种类型。例如，一个人的年龄可以用数字类型存储，他的名字可以用字符串类型存储。Python 定义了标准数据类型，用于存储各种类型的数据。Python 3 的六个标准数据类型如表 2-2 所示。

表 2-2 Python 3 的六个标准数据类型

数据类型	名称	数据类型	名称
Number	数字类型	Tuple	元组类型
String	字符串类型	Dictionary	字典类型
List	列表类型	Set	集合类型

1. 数字类型

数字类型(Number)用于存储数值。它是不可改变的数据类型，这意味着改变数字类型会分配一个新的对象。当指定一个值时，数字类型的对象就会被创建，代码示例如下：

```
var1 = 1
var2 = 10
```

Python 支持不同的数字类型，如整型、浮点型等，在 2.4 节会进行详细介绍。

2. 字符串类型

字符串类型(String)是由数字、字母、下画线和各种语言符号等组成的一串字符，是 Python 中用来表示文本的数据类型。

可以使用引号，如单引号(' ')或双引号(" ")，来创建字符串，代码如下：

```
name = 'Jack'
address = "湖北省武汉市江汉路步行街 007 号"
```

3. 列表类型

列表类型(List)是 Python 中使用最频繁的数据类型，它可以完成大多数集合类的数据结构。它的元素可以是数字、字符串，甚至可以包含列表(列表嵌套)等元素。

列表类型是一种序列形式的数据结构，序列中的每个元素被分配一个索引，第一个索引是 0，第二个索引是 1，以此类推，每个索引对应一个元素。字符串类型、列表类型、元组类型等都是属于序列形式的数据结构。

列表类型用[ ]标识，列表类型中值的分割可以用到变量，如[头下标：尾下标]，可以截取相应的列表元素，索引从左到右默认从 0 开始的，索引从右到左默认从 −1 开始，下标可以为空，表示取到头或尾，代码如例2-13所示。

【例2-13】　列表索引值操作的代码示例。

```
list = [ 'Python', 786 , 2.23, 'john', 70.2 ]
tinylist = [123, 'john']
print(list)              # 输出完整列表
print(list[0])           # 输出列表的第一个元素
print(list[1:3])         # 输出第二个至第三个元素
print(list[2:])          # 输出从第三个开始至列表末尾的所有元素
```

输出结果如下：

```
['Python', 786, 2.23, 'john', 70.2]
Python
[786, 2.23]
[2.23, 'john', 70.2]
```

注意，列表的截取[头下标：尾下标]，可以取到头下标对应的元素，取不到尾下标对应的元素，如list[1:3]，输出的是索引为1至索引为2的元素，取不到索引为3的元素。

4. 元组类型(Tuple)

元组类型是另一个数据类型，类似于列表类型，元组类型用()标识，内部元素用逗号隔开。

元组类型是一种不可变序列，即创建之后不能再做任何修改，相当于只读列表类型。元组类型由不同的元素组成，可以存储不同类型的数据，如数字、字符串，甚至元组和列表等。元组类型通常代表一行数据，而元组类型中的元素代表不同的数据项，代码如例2-14所示。

【例2-14】　元组类型操作的代码示例。

```
tuple_test = ('Python', 786 , 2.23, 'john', 70.2)
tinytuple = (123, 'john')

print(tuple_test)              # 输出完整元组
print(tuple_test[0])           # 输出元组的第一个元素
print(tuple[1:3])              # 输出第二个至第四个(不包含)的元素
print(tuple[2:])               # 输出从第三个开始至列表末尾的所有元素
```

输出结果如下：

```
('Python', 786, 2.23, 'john', 70.2)
Python
(786, 2.23)
(2.23, 'john', 70.2)
```

以下的元组操作是无效的，因为元组类型是不允许修改的，而列表类型是允许修改的。

```
tuple = ('runoob', 786 , 2.23, 'john', 70.2)
tuple[2] = 1000                # 不允许对元组中的元素进行修改
```

5. 字典类型(Dictionary)

字典类型是除列表类型以外Python中最灵活的内置数据结构类型。列表类型是有序的对象集合，字典类型是无序的对象集合。两者之间的区别在于：字典类型中的值是通过键来存取的，而不是通过索引存取。

字典类型用{}标识。字典类型的元素都是由键(key)和它对应的值(value)组成的一个键值对，代码如例 2-15 所示。

【例 2-15】 字典类型操作的代码示例。

```
dict_test = {'name': 'Python','code':123, 'dept': 'sales'}
print(dict_test)                  # 输出完整的字典类型
print(dict_test['name'])          # 查找并输出 name 键所对应的值
```

输出结果如下：

```
{'name': 'Python','code':123, 'dept': 'sales'}
Python
```

6. 集合类型(Set)

集合类型是由数字、字符串和元组类型的数据组成的，构成集合的事物或对象被称作元素或成员。

基本功能是进行成员关系测试和删除重复元素。

可以使用{}或 set()函数创建集合，注意：创建一个空集合必须用 set()函数而不能用{}，因为{}创建的是一个空字典类型，代码如例 2-16 所示。

【例 2-16】 集合类型操作的代码示例。

```
Set = {123, "Python", 23.4, "life"}
print(Set)
```

输出结果如下：

```
{'life', 123, 'Python', 23.4}                    # 元素之间是无序的
```

2.3.3 变量创建与赋值

Python 中变量的创建与赋值不需要类型声明，每个变量在内存中创建，包括变量的标识、名称和数据等信息。每个变量在使用前都必须被赋值，变量赋值以后该变量才会被创建。等号运算符用来给变量赋值，等号运算符左边是一个变量名，右边是存储在变量中的值。

在 Python 中，不仅可以给单个变量赋不同类型的值，而且可以同时给不同变量赋予同一个值，还可以同时给不同的变量赋予不同类型的值，而最后一种赋值方式是其他语言中没有的，可以大大地简化变量初始化过程，不同赋值方式代码如例 2-17 所示。

【例 2-17】 变量赋值代码示例。

```
# 创建不同类型的数据
x = 1                                       # 创建整数类型数据
string = "One world, One Dream"             # 创建字符串类型数据
```

```
List = [3, "life", 34.5]                    # 创建列表类型数据
# 使用"="给不同变量赋同一个值
x = y = z = 1

# 使用"="给不同变量赋不同类型的值
num, List, String = 3, [3, 4, 7], "life"
```

2.4 数字类型

2.4.1 整型(int)

Python 可以处理任意整数,包括负整数,在程序中的表示方法和数学上的写法一样,如 1、100、-8080、0 等。

在 Python 2 中,整数的大小是有限制的,即当数字超过一定的范围则不再是整型(int),而是长整型(long),而在 Python 3 中,无论整数的大小,统称为整型(int)。而且整型存储字节数是动态变化的,日常开发过程中,无论多大的整数,Python 都能够非常方便地进行存储处理。

2.4.2 浮点型(float)

浮点数也就是小数,之所以被称为浮点数,是因为按照科学记数法表示时,浮点数的小数点位置是可变的,如 1.23 * 10^9 和 12.3 * 10^8 是完全相等的。浮点数可以用数学写法,如 1.23、3.14、-9.01 等。但是对于很大或很小的浮点数,必须用科学记数法表示,10 用 e 或 E 替代,1.23 * 10^9 可表示为 1.23e9、1.23E9、12.3e8、12.3E8,而 0.000012 可以写成 1.2e-5 或 1.2E-5 等。

使用科学记数法时,需要注意两个问题:第一,e 或 E 前面的数字不能省略;第二,e 或 E 后面的指数不能省略,也不能是小数。例如,e5、12e、1.23e1.3 都是不合法的数据。

2.4.3 布尔型(bool)

布尔型的数据只有两种值,即 True 和 False,这两个值也是 Python 的关键字,所以字母包括大小写必须一致,并且在进行运算时,True 相当于整数 1,而 False 相当于整数 0。每个 Python 对象都具有布尔属性(True 或 False),可用于布尔测试(如用在 if、while 的条件中)。对于布尔属性是 True 的对象太多了,只需要记住布尔属性为 False 的对象有哪些就可以快速判断数据的布尔属性。

以下对象的布尔属性为 False。

(1) None(关键字代表空)。

(2) False(布尔型)。

(3) 0(整型 0)。

(4) 0.0(浮点型 0)。

(5) 0.0+0.0j(复数 0)。

(6) 空数据(空字符串、空列表、空字典、空元组)。

除以上对象布尔属性为False外，其他对象的布尔属性都为True。在开发环境中想要验证对象的布尔属性，可以使用bool()函数验证，代码如例2-18所示。

【例2-18】 布尔型对象演示代码示例。

```
# 布尔值参加运算
x = 2 * 3+4-True
y = 3 * False +3 * 4
print(x, y)

# 验证对象的布尔属性
print(bool(0), bool(34.5), bool(-23), bool("abc"), bool([]))
```

输出结果如下：

```
9 12
False True True True False
```

2.4.4 复数型(complex)

复数型用于表示数学中的复数，形如z=a+bj(a,b均为实数)的数称为复数，其中a是实数部分，b是虚数部分，j或J为虚数单位。如1+2j、5+1.2j、-2-4J都是复数。在科学研究和数据分析处理方面涉及得比较多，而在日常开发中此类数据应用相对较少。

视频讲解

2.4.5 type()函数及类型转换

type()函数是一个既实用又简单的查看数据类型的方式。使用type()函数可以返回想要查询的对象类型信息。

另外，如果想要进行类型转换，常用的类型转换函数如表2-3所示。

表2-3 常用的类型转换函数

函　数	描　述	函　数	描　述
int(x)	将数据x转换为十进制整型	str(x)	将数据x转换为字符串
eval(string)	用来计算在字符串中的有效Python表达式，并返回一个对象	complex(a,b)	将数据a和b转换为复数型
bin(x)	将数据x转换为二进制字符串	tuple(seq)	将序列seq转换一个元组
oct(x)	将数据x转换为八进制字符串	list(seq)	将序列seq转换为一个列表
hex(x)	将数据x转换为十六进制字符串	dict(seq)	创建一个字典。seq必须是(key,value)序列
float(x)	将数据x转换为浮点型	set(seq)	将序列seq转换为一个可变集合

可运用type()函数进行变量类型的查看，也可运用表2-3中的各种函数进行数据转换，代码如例2-19所示。

【例2-19】 类型转换操作的代码示例。

```
num = 32
num_float = float(num)                # 转换为浮点型数据
```

```
num_str = str(num)                # 转换为字符串数据
num1 = 13.4
num1_int = int(num1)              # 转换为整型数据
num2 = eval("3+4")                # 计算字符串中的表达式,并返回对应数字类型数据
num3 = eval("3+4.8")

print(num, type(num))
print(num_float, type(num_float))
print(num_str, type(num_str))
print(num1_int, type(num1_int))
print(num2, type(num2))
print(num3, type(num3))
```

输出结果如下：

```
32 <class 'int'>
32.0 <class 'float'>
32 <class 'str'>
13 <class 'int'>
7 <class 'int'>
7.8 <class 'float'>
```

表 2-3 基本包含 Python 进行类型转换的常用函数，后续在进行复合数据类型的讲解时，会进一步讲解列表类型、元组类型、字典类型和集合类型的类型转换函数使用方法。

十进制数与二进制数、八进制数和十六进制数间的相互转换案例。

进制也就是进位记数制，是人为定义的带进位的记数方法（有不带进位的记数方法，如原始的结绳记数法，唱票时常用的“正”字记数法，以及类似的 tally mark 记数）。对于任何一种进制数——X 进制数，表示每一位置上的数运算时都是逢 X 进一位。十进制数是逢十进一，十六进制数是逢十六进一，二进制数是逢二进一，以此类推，X 进制是逢 X 进位。

人类天然选择了十进制数，十进制数的基数为 10，数字由 0～9 组成，记数规则是逢十进一。

二进制数中只有两个数字 0 和 1，大大简化了运算中运算部件的结构。为区别于其他进制数，二进制数的书写通常在数的右下方注上基数 2，或在后面加 B 表示，其中 B 是二进制英文（Binary）的首字母。例如，二进制数 10110011 可以写成（10110011）2，或写成 10110011B。在 Python 中，二进制前面一般会加上 0b 进行标识，如 0b1111011。

由于二进制数的基数 R 较小，所以二进制数的书写和阅读不方便，为此，在小型机中引入了八进制。八进制数字 0、1、2、3、4、5、6、7。在 Python 中，八进制前面一般会加上 0o（数字 0 和字母 o）进行标识，如 0o173。

由于二进制数在使用中位数太长，不容易记忆，所以又提出了十六进制数。它由十六个数字组成：数字 0～9 加上字母 A～F（它们分别表示十进制数 10～15）。在 Python 中，十六进制数前面一般会加上 0x 或 0X（数字 0 和字母 x 或 X）进行标识，如 0x7b，0X4A，代码如例 2-20 所示。

【例 2-20】 进制转换代码示例。

```
# 十进制数 -> 二进制数、八进制数和十六进制数
x = int(input("请输入需要转换的数字:"))
print(bin(x), oct(x), hex(x))
# 二进制数、八进制数和十六进制数 -> 十进制数
print(int("10010", 2), int("723", 8), int("5D28C", 16))
```

输出结果如下：

```
请输入需要转换的数字:123
0b1111011    0o173    0x7b
18    467    381580
```

使用 bin()、oct()和 hex()函数可以分别实现将十进制数转换为二进制数、八进制数和十六进制数；使用 int()函数的第二个参数，可以将二进制数、八进制数和十六进制数转换成十进制数，需要注意的是，二进制数、八进制数和十六进制数要以字符串的形式进行传递。

2.5 运算符

2.5.1 算术运算符

算术运算符是完成基本算术运算(Arithmetic Operators)的符号，用来处理四则运算的符号，是最简单、最常用的符号，尤其是数字的处理，几乎都会使用到算术运算符。除数学常用的加、减、乘和除运算之外，Python 的算术运算符还有求余、取整除和幂运算。算术运算符如表 2-4 所示。

表 2-4 算术运算符

运 算 符	描 述	示例(a=10,b=15)
+	加法运算：两个对象相加	a+b 输出结果：25
-	减法运算：得到负数或是一个数减去另一个数	a-b 输出结果：-5
*	乘法运算：两个数相乘或是返回一个被重复若干次的字符串	a*b 输出结果：150
/	除法运算：x 除以 y，除法运算结果都是浮点数	b/a 输出结果：1.5
%	取余运算：返回除法的余数	b%a 输出结果：5
**	幂运算：返回 x 的 y 次幂	a**b 输出结果：1000000000000000(10 的 15 次方)
//	取整除运算：返回商的整数部分(向下取整)	9//2=4，-9//2=-5

除法运算要格外注意，Python 中所有的除法都是小数除法，换句话说，不管除数能不能整除被除数，结果都是小数。例如，8/4 结果不是整型的 2，而是浮点型的 2.0。

另外，取整除运算规则中的向下取整，意思是，先对两个数进行除法运算，对于结果商，要取一个小于它并且最接近它的整数。如表 2-4 所示，9//2 的结果是 4，因为 9/2 的结果是 4.5，取一个小于 4.5 且最接近 4.5 的整数便是 4；-9//2 的结果是-5，因为-9/2 结果是-4.5，取一个小于-4.5 且最接近-4.5 的整数便是-5。

算术运算符的优先级分为三个等级，优先级最高的是幂运算(**)，其次是乘法(*)、除法(/)、取余运算(%)和取整除运算(//)，最后是加法(+)、减法(-)。在运算时要注意优先

级，避免计算错误。代码如例 2-21 所示。

【例 2-21】 算术运算符运算代码示例。

```
result1 = 3 * 2 ** 2/5-8
result2 = 13//2/3/2 * 5+5%3
print(result1, result2)
```

输出结果如下：

```
-5.6 7.0
```

计算 result1 的值时，第一步，幂运算优先级最高，所以先计算 2 ** 2，表达式变成 3 * 4/5-8；第二步，乘、除法优先级一样，所以从左往后先乘后除，因为除法运算结果都是浮点数，所以表达式变 2.4-8；第三步，减法运算，所以最终结果为-5.6。

同理，计算 result2 的值时，取整除、乘和除优先级一致，所以从左往右运算，第一步 13//2 得 6；第二步除以 3，得 2.0；第三步除以 2，得 1.0；第四步乘以 5，得 5.0；第五步计算 5%3，得 2；表达式变为 5.0+2，所以最终结果为 7.0。其中，因为结果是整数加上浮点数，所以自动转换为了浮点型。

2.5.2 赋值运算符

赋值运算符用来把右侧的值赋给左侧的变量的，可以直接将右侧的值赋给左侧的变量，也可以是表达式的运算结果赋给左侧的变量，如算术、逻辑运算表达式或有返回值的函数调用等。

Python 中最常见、最基本的赋值运算符是等号(=)，=结合其他运算符可以组成复合赋值运算符，例如，+=、-=等。在使用复合赋值运算符时要能正确地进行运算，各种赋值运算符如表 2-5 所示。

表 2-5 赋值运算符

运算符	描述	示例
=	简单的赋值运算符	a=b 将 b 的值赋给 a
+=	加法赋值运算符	a+=b 等效于 a=a+b
-=	减法赋值运算符	a-=b 等效于 a=a-b
*=	乘法赋值运算符	a *=b 等效于 a=a * b
/=	除法赋值运算符	a/=b 等效于 a=a/b
%=	取余赋值运算符	a%=b 等效于 a=a%b
**=	幂赋值运算符	a **=b 等效于 a=a ** b
//=	取整除赋值运算符	a//=b 等效于 a=a//b

在使用复合赋值运算符前，要保证运算符左侧变量必须有初始值。a+=3 等效于 a=a+3，且 a 必须有初始值，否则无法进行运算。另外，如果右侧是表达式，展开计算时要先计算右侧表达式，例如，a *=a+3 等效于 a=a *(a+3)，如果没加上括号有可能导致结果计算有误，代码如例 2-22 所示。

【例 2-22】 赋值运算符运算代码示例。

```
x, y, z = 4, 0, 6
y += x
```

```
z *= x + y            # 等效于 z = z * (x+y)
print(x, y, z)
```

输出结果如下：

```
4 4 48
```

2.5.3 比较运算符

比较运算符也称为关系运算符，用于对常量、变量或表达式的结果进行大小比较。如果这种比较是成立的，则返回 True(真)，反之则返回 False(假)。比较运算符如表 2-6 所示。

表 2-6 比较运算符

运算符	描述	示例
==	等于：比较对象是否相等	a==b 的值：False
!=	不等于：比较两个对象是否不相等	a!=b 的值：True
>	大于：返回 x 是否大于 y	a>b 的值：False
<	小于：返回 x 是否小于 y	a<b 的值：True
>=	大于或等于：返回 x 是否大于或等于 y	a>=b 的值：False
<=	小于或等于：返回 x 是否小于或等于 y	a<=b 的值：True

比较运算符构成的表达式，不管多复杂，表达式的结果只会有两种值：True 和 False。所以比较表达式经常作为选择结构或循环结构中的条件，来控制结构语句的执行与否，代码如例 2-23 所示。

【例 2-23】 比较运算符运算代码示例。

```
a = eval(input("请输入一个数字:"))
if a >= 0:        # a 大于或等于 0 时，表达式值为 True，表达式成立，执行 if 分支
    print(a)
else:             # a 小于 0 时，a>=0 的值为 False，表达式不成立，执行 else 分支
    print(-a)
```

输出结果如下：

```
请输入一个数字:-19
19
```

2.5.4 逻辑运算符

在数学的逻辑运算中，若 p 为真命题，q 为假命题，那么“p 且 q”为假、“p 或 q”为真、“非 q”为真。Python 也有类似的逻辑运算，逻辑运算符如表 2-7 所示。

表 2-7 逻辑运算符

运算符	逻辑表达式	描述	示例(x=10,y=20)
and	x and y	“与”运算：如果 x 的布尔属性为 False，表达式返回 x 的值，否则返回 y 的值	(x and y) 返回 20

续表

运 算 符	逻辑表达式	描 述	示例(x=10,y=20)
or	x or y	“或”运算：如果 x 的布尔属性为 True,表达式返回 x 的值,否则返回 y 的值	(x or y) 返回 10
not	not x	“非”运算：如果 x 的布尔属性为 True,返回 False。如果 x 的布尔属性为 False,它返回 True	not x 返回 False

逻辑运算符的优先级分为三个等级,优先级最高的是逻辑非(not)运算,其次是逻辑与(and)运算,最后是逻辑或(or)运算。在运算时要注意运算次序。

逻辑表达式的结果分为两类,一类是 and 和 or 运算,会返回 x 或者 y 的值,这里的 x 和 y 可以是数值,也可以是表达式；另一类是 not 运算,只返回 True 和 False,代码如例 2-24 所示。

【例 2-24】 逻辑运算符运算代码示例。

```
print(23 and -78, [] and "python", "life" and False, 0 and 34.5)
print(23 or -78, [] or "python", "life" or False, 0 or 34.5)
print(not 0, not "0", not [1, 3])
print(3 * 2-5 and 5/2+1, 2 ** 2-3 or 3 * 2/4 and 8//3, not 3 * 4-5)
```

输出结果如下：

```
-78     []        False     0
23      python    life      34.5
True    False     False
3.5     1         False
```

例 2-24 中的 and 运算表达式,23 and -78,23 布尔属性是 True,所以返回-78；[] and "python",[]布尔属性是 False,所以直接返回[]。后面的计算同理。

例 2-24 中的 or 运算表达式,23 or -78,23 布尔属性是 True,所以直接返回 23；[] or "python",[]布尔属性是 False,所以返回"python"。后面的计算同理。

例 2-24 中的 not 运算表达式,0 的布尔属性是 False,所以 not 0 结果是 True；因为"0"代表字符串含有一个 0 字符,是非空字符串,所以字符串"0"的布尔属性是 True,not "0"结果是 False；[1,3]是非空列表,布尔属性是 True,所以 not [1,3]结果是 False。

表达式 3 * 2-5 and 5/2+1,and 运算优先级最低,所以先算两侧表达式的值,相当于表达式为 1 and 3.5,所以结果是 3.5。

表达式 2 ** 2-3 or 3 * 2/4 and 8//3,算术运算符优先级高于逻辑与,逻辑与高于逻辑或,所以先算 or 左右两侧表达式,左侧值为 1,右侧表达式是 1.5 and 2,结果是 2,最后表达式等价于 1 or 2,所以结果是 1。因为左侧值为 1,根据逻辑或(or)的运算规则,此时右侧已不用计算,可直接得出结果为 1。

表达式 not 3 * 4-5 先计算 3 * 4-5,结果是 7,而 7 的布尔属性为 True,所以 not 7 结果是 False。

2.5.5 按位运算符

Python 按位运算符把数字看作二进制进行计算。Python 中的按位运算符如表 2-8 所示。

表 2-8　Python 中的按位运算符

运 算 符	描　　述	实例(a=62,b=15)
&	按位与：两个运算数的对应二进制位都为 1，则该位的结果为 1，否则为 0	a&b 输出结果 14。 二进制值：00001110
|	按位或：两个运算数的对应二进制位有一个为 1 时，则该位的结果为 1，否则为 0	a|b 输出结果 63。 二进制值：00111111
^	按位异或：当两个运算数的对应二进制位相异时，结果为 1	a^b 输出结果 49。 二进制值：00110001
～	按位取反：对运算数的每个二进制位取反，即把 1 变为 0，把 0 变为 1	～a 输出结果－63。 二进制值：10111111
<<	按位左移：运算数的二进制位全部左移若干位	a << 2 输出结果 248。 二进制值：11111000
>>	按位右移：运算数的二进制位全部右移若干位	a >> 2 输出结果 15。 二进制值：00001111

按位运算符只能进行整数之间的运算，如果两侧是其他类型的数据，无法计算，会报错，使用时需要注意。按位运算的优先级最高的是按位取反，然后是按位左移和按位右移，最后依次是按位与、按位异或和按位或。表达式的值是按位运算后的十进制数。

在按位运算中，运用按位异或的运算可将两个整数的数据进行交换，代码如例 2-25 所示。

【例 2-25】 按位运算符运算代码示例。

```
a,b = 60, 13
# format 格式控制第 3 章会详细阐述
# :08b 代表输出格式是 8 位二进制数，不够 8 位的在空格处填充数字 0
print("a = {:08b}, b = {:08b}".format(a, b))
a = a ^ b
print("a = {:08b}, b = {:08b}".format(a, b))
b = a ^ b
print("a = {:08b}, b = {:08b}".format(a, b))
a = a ^ b
print("a = {:08b}, b = {:08b}".format(a, b))
print(a, b)
```

输出结果如下：

```
a = 00111100, b = 00001101
a = 00110001, b = 00001101
a = 00110001, b = 00111100
a = 00001101, b = 00111100
13 60
```

通过程序可以看出，经过三次按位异或运算之后，a 和 b 的值从 60 和 13，交换成了 13 和 60。

2.5.6　成员运算符

Python 中的成员运算符可以判断一个元素是否在某一个序列中。例如，可以判断一个字符是否属于某个字符串,可以判断某个对象是否在这个列表中等。成员运算符返回值是True或False,如表2-9所示。

表2-9 成员运算符

运算符	描述
in	如果在指定的序列中找到值返回True,否则返回False。如1 in [3,2,1,"abc"]结果为True
not in	如果在指定的序列中没有找到值返回True,否则返回False。如1 not in [3,2,1,"abc"]结果为False

成员运算符的应用场景一般是变量的值有多种可能但是有限的情况下。例如,需要判断输入的月份month是否31天时,条件可以写成month in [1,3,5,7,8,10,12],只要month是这几个月份,那么表达式的值就是True,否则为False。

2.5.7 身份运算符

身份运算符用来比较两个对象是否同一个对象,即对应的存储单元地址是否一样,而之前比较运算符中的==则是比较两个对象的值是否相等。身份运算符如表2-10所示。

表2-10 身份运算符

运算符	描述
is	is是判断两个标识符是不是引用自一个对象
is not	is not是判断两个标识符是不是引用自不同对象

身份运算符运算代码如例2-26所示。

【例2-26】 身份运算符运算代码示例。

```
a = b = 3
print(a is b)
print(id(a), id(b))
b = b ** 2
print(a is b)
print(id(a), id(b))
```

输出结果如下:

```
True
140735684273040 140735684273040
False
140735684273040 140735684273232
```

变量a和b初始值都为3,a和b指向的对象地址是一样的,所以a is b的值为True,其中id()函数的功能是查询对象地址,从结果可以看出a和b的地址确实相同。当b=b ** 2时,b的值变为9,此时b指向的地址会发生变化,而a的地址不变,所以a is b的值为False。

2.5.8 运算符优先级

所谓优先级,就是当多个运算符同时出现在一个表达式中时,执行运算符的先后次序。Python支持几十种运算符,被划分成将近20个优先级,有的运算符优先级不同,有的运算符优先级相同，具体优先级如表 2-11 所示。

表 2-11 运算符优先级

运算符说明	Python 运算符	优先级	结合性
小括号	( )	1	无
索引运算符	x[i] 或 x[i1:i2 [:i3]]	2	左
属性访问	x. attribute	3	左
幂	**	4	左
按位取反	～	5	右
符号运算符	＋(正号)、－(负号)	6	右
乘、除、取整除、取余	*、/、//、%	7	左
加减	＋、－	8	左
位移	>>、<<	9	左
按位与	&	10	右
按位异或	^	11	左
按位或	|	12	左
比较运算符	＝＝、!＝、＞、＞＝、＜、＜＝	13	左
身份运算符	is、is not	14	左
成员运算符	in、not in	15	左
逻辑非	not	16	右
逻辑与	and	17	左
逻辑或	or	18	左

多学一招：在记忆运算符优先级的时候，可以先记住一般规律，算术运算符＞按位运算符＞比较运算符＞身份运算符＞成员运算符＞逻辑运算符，然后再从每种运算符内部进行优先级的区分。

本章小结

本章主要讲解 Python 的基础语法，包括变量、数据类型、运算符、数据类型转换等。这些都是最基础的语法，也是学习 Python 其他知识的基础，所以读者一定要重点掌握本章内容。

字符串

学习目标

- ➢ 掌握字符串创建的方法。
- ➢ 理解重点转义字符。
- ➢ 掌握字符串格式化方法。
- ➢ 熟练掌握字符串的基本操作。
- ➢ 掌握字符串的处理函数和方法。

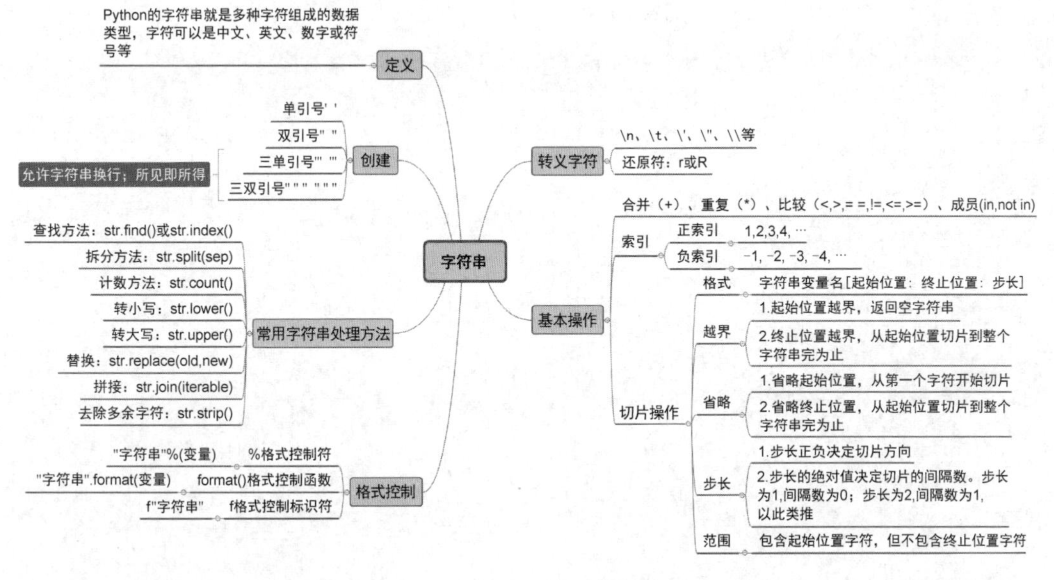

在第 2 章已经介绍过数据类型，即六个标准的数据类型——数字类型、字符串类型、列表类型、元组类型、字典类型和集合类型。其中数字类型和字符串类型是基础类型，需要非常熟练地掌握字符串类型，为后面的四种复合数据类型打下基础。本章将详细介绍字符串类型，包括字符串的创建、字符串格式化方法、字符串的基本操作、字符串的处理函数和方法。

什么是字符串呢？字符串简单的理解就是由各种字符依次组成的字符集合，其中字符可以是数字、大小写字母、符号和汉字等，如"Hello，Charlie"是一个字符串、"123456"或"你好，Python。"也是一个字符串。Python 要求字符串必须使用引号括起来，而且两边的引号成对出现。

3.1 字符串的创建

3.1.1 定义字符串

字符串(String)就是若干个字符的集合。Python 中的字符串创建的方法有三种。

(1) 使用单引号包含字符，例如，'abc'、'123'。

(2) 使用双引号包含字符，例如，"abc"、"123abc"。

(3) 使用三引号(三对单引号或者三对双引号)包含字符，例如，'''abc'''。

```
"""
123
Abc
"""
```

三引号能包含多行字符串，其中可以包含换行符、制表符等特殊字符，进行格式化输出，代码如例 3-1 所示。

【例 3-1】 字符串的创建代码示例。

```
str1 = 'life'                    # 单引号
str2 = "你好,Python"              # 双引号
print(str1)
print(str2)

str3 = '''热爱可抵岁月漫长,         # 三单引号,包含换行符\n
温柔可挡艰难时光.'''

str4 = """                       # 三双引号,包含换行符\n 和制表符\t
        勤学
        汪洙
    学向勤中得,萤窗万卷书。
    三冬今足用,谁笑腹空虚。
"""
print(str3)
print(str4)
```

输出结果如下：

```
life
你好,Python
热爱可抵岁月漫长,
温柔可挡艰难时光.

            勤学
                汪洙
          学向勤中得,萤窗万卷书。
          三冬今足用,谁笑腹空虚。
```

3.1.2 转义字符

程序执行时是严格按照语法规则进行的，所以有时候并没有大家所期望的那么灵活。

如果用单引号和双引号来创建字符串，而字符串的内容中又包含了单引号或双引号时，此时不进行特殊处理，会导致程序出现错误。

而解决方法有两种：使用不同的引号将字符串括起来和使用转义字符对引号进行转义。

1. 使用不同的引号将字符串括起来

假如字符串内容中包含了单引号，则可以使用双引号将字符串括起来。例如：

```
str3 = 'I'm a coder'
```

由于字符串中的字符包含了单引号，此时 Python 会将字符中的单引号与第一个单引号配对，这样就会把 'I' 当成字符串，而后面的 m a coder' 就变成了多余的内容，从而导致语法错误。为了避免这种问题，可以将上面代码改为如下形式：

```
str3 = "I'm a coder"
```

上面代码使用双引号将字符括起来，此时 Python 就会把字符中的单引号当成字符串内容，而不是和字符的引号配对。假如字符串中的字符包含双引号，则可使用单引号将字符括起来，例如：

```
str4 = '"Spring is here, let us jam!", said woodchuck.'
```

2. 使用转义字符对引号进行转义

Python 允许使用反斜杠符(\)将字符串中的特殊字符进行转义。若字符串既包含单引号，又包含双引号，此时必须使用转义字符，例如：

```
str5 = '"we are scared, Let\'s hide in the shade", says the bird'
```

Python 中的转义符号如表 3-1 所示。

表 3-1 转义字符

转义字符	描述	转义字符	描述
\(在行尾时)	续行符	\n	换行
\\	反斜杠符	\v	纵向制表符
\'	单引号	\t	横向制表符
\"	双引号	\r	回车
\a	响铃	\f	换页
\b	退格(Backspace)	\oyy	八进制数，y 代表 0～7 字符，例如，\o12 代表换行
\e	转义	\xyy	十六进制数，\x 开头，y 代表 0～9，a～f(A～F)字符，例如，\x0a 代表换行
\000	空	\other	其他的字符以普通格式输出

转义字符中\oyy 和\xyy 会输出对应的字符，代码如例 3-2 所示。

【例 3-2】 转义字符代码示例。

```
string = "\101, \x42, \71, \x63"
print(string)
```

输出结果如下：

```
A, B, 9, c
```

要计算这两种转义字符对应的结果，首先将对应八进制或十六进制转换为十进制的数字，此时十进制数字编码值对应的字符便是最后输出的结果，例如，\101，\x42，\71，\x63 分别对应的十进制数是 65，66，57，99，这四个数字对应的字符分别是 A，B，9，c。

多学一招：常用编码值如下。

65～90 对应大写字母 A～Z。

97～122 对应小写字母 a～z。

48～57 对应数字字符 0～9。

32 对应空格字符。

视频讲解

3.2 字符串格式化

3.2.1 %格式控制符

在第 2 章中介绍过 print()函数的用法，这只是最简单、最初级的形式，print()函数还有很多高级的用法，例如，想要输出可读性更好的字符串，可以运用 print()函数进行格式化输出，这就是本节要讲解的内容。

print()函数使用以%开头的格式控制符对各种类型的数据进行格式化输出，具体如表 3-2 所示。

表 3-2 格式控制符

格式控制符	解　释	格式控制符	解　释
%d、%i	格式化为带符号的十进制数	%g	智能选择使用%f 或%e 格式
%o	格式化为无符号的八进制数	%G	智能选择使用%F 或%E 格式
%x、%X	格式化为无符号的十六进制数	%c	格式化字符及其 ASCII 码
%e	格式化为科学记数法表示的浮点数(e 小写)	%r	使用 repr() 函数将表达式转换为字符串
%E	格式化为科学记数法表示的浮点数(E 大写)	%s	使用 str() 函数将表达式转换为字符串
%f、%F	格式化为十进制浮点数		

格式控制符相当于一个占位符，它会被后面表达式(变量、常量、数字、字符串、加减乘除等各种形式)的值代替。代码如例 3-3 所示。

【例 3-3】 单个%格式控制符的代码示例。

```
age = 8
print("小明已经%d 岁了!" % age)
```

输出结果如下：

```
小明已经 8 岁了!
```

在 print()函数中，由引号包含的是格式化字符串，它相当于一个字符串模板，可以放置一些格式控制符（占位符）。本例的格式化字符串中包含一个%d 格式控制符，它最终会被后面的变量 age 的值所替代。

age 前面的%是一个分隔符，它前面是格式化字符串，后面是要输出的表达式。

当然，格式化字符串中也可以包含多个格式控制符，同时也要提供多个表达式，用以替换对应的格式控制符；多个表达式必须使用小括号包含起来，代码如例 3-4 所示。

【例 3-4】 多个%格式控制符的代码示例。

```
name = "小明"
age = 8
print("%s 已经%d 岁了。" % (name, age))
```

输出结果如下：

```
小明已经 8 岁了。
```

另外，在使用%格式控制符时，要遵循以下原则。

(1) 数量一致。后面表达式要与前面格式控制符数量保持一致。

(2) 类型一致。后面表达式对应的数据类型要与前面格式控制符类型保持一致。

(3) 顺序一致。后面表达式会依次替换前面的格式控制符，所以顺序要保持一致。

如果数量或者类型不一致，可能会导致程序出错，如果顺序不一致，可能会导致输出的数据顺序出现错误或程序出错，代码如例 3-5 所示。

【例 3-5】 多个%格式控制符的代码示例。

```
# 数量不一致
name = "小明"
age = 8
print("%s 已经%d 岁了。" % (name))

# 类型不一致
name = "小明"
age = 8
print("%d 已经%d 岁了。" % (name, age))

# 顺序不一致
name = "小明"
age = 8
print("%s 已经%s 岁了。" % (age, name))
```

输出结果如下：

```
# 数量不一致
# 报错，提供数据不足
TypeError: not enough arguments for format string

# 类型不一致
# 报错，%d 格式化整数，而 name 是字符串类型
TypeError: %d format: a number is required, not str
```

```
# 顺序不一致
8已经小明岁了。
```

%格式控制符还可以进行更加细致的格式修饰，%格式控制符的修饰符如表 3-3 所示。

表 3-3　%格式控制符的修饰符

符　号	功　能	符　号	功　能
-	左对齐	0	显示的数字前面填充'0'而不是默认的空格
+	在正数前面显示加号(+)	%	'%%'输出一个单一的'%'
<sp>	在正数前面显示空格	(var)	映射变量(字典参数)
#	在八进制数前面显示零('0')，在十六进制前面显示'0x'或者'0X'(取决于用的是'x'还是'X')	m.n	m是显示的最小总宽度，n是小数点后的位数(如果可用的话)

众多修饰符当中，使用最为频繁的是 m.n 修饰符，使用的代码如例 3-6 所示。

【例 3-6】　%格式控制符的修饰符使用的代码示例。

```
x = 23.768
print("*%f*" % x)          # 默认保留6位小数
print("*%10f*" % x)        # 输出数据时占宽度为10的位置，数据宽度不够，则左侧补空格
print("*%.5f*" % x)        # 保留5位小数
print("*%10.5f*" % x)      # 整个数据宽度为10，小数位保留5位
print("*%3.2f*" % x)       # 输出宽度比3大，所以按实际输出，小数位数保留2位
```

输出结果如下：

```
*23.768000*
* 23.768000*
*23.76800*
* 23.76800*
*23.77*
```

多学一招：对于 m 修饰符，有两条使用规则。当指定宽度 m 大于实际宽度，左侧补零；当指定宽度 m 小于实际宽度，按实际宽度输出。

n 修饰符的使用规则：当指定小数位数 n 大于实际小数位，右侧补零；当指定小数位数 n 小于实际小数位，四舍五入保留 n 位小数。其中需要注意的是小数点和数据所带符号也是算宽度位数的。

3.2.2　format()格式化方法

Python 中字符串的格式化输出除了使用%格式控制符外，还有另外一种格式化方法，即 format()格式化方法，它增强了字符串格式化的功能。

基本语法是通过{}和 format()方法来代替%格式控制符。format()方法不限参数个数，位置可以不按顺序排列，代码如例 3-7 所示。

【例 3-7】　format()方法格式化控制的代码示例。

```
name = "小明"
age = 8
print("{}已经{}岁了。".format(name, age))
print("{1}/{0}={2}".format(3, 9, 9/3)) # 通过索引值 0,1,2,… 可以改变输出顺序
```

输出结果如下：

```
小明已经 8 岁了。
9/3=3.0
```

相较于%格式控制符，format()格式化方法有以下三个优点。

(1) 格式化时不用关心数据类型的问题，format()格式化方法会自动转换，而用%格式控制符时，需要指定数据类型，例如，%s 用来格式化字符串类型，%d 用来格式化整型。

(2) 单个参数可以多次输出，参数顺序可以不同。

(3) 填充方式灵活，对齐方式强大。

输出数据时，可以调用 format()函数，并结合类型说明符对各种类型的数据进行格式化输出，具体如表 3-4 所示。

表 3-4　format()格式化方法类型说明符

类型说明符	解　释	类型说明符	解　释
{:b}	输出整数的二进制形式	{:X}	输出整数的大写十六进制形式
{:c}	输出整数对应的 Unicode 字符形式	{:e}	输出浮点数对应的小写字母 e 的指数形式
{:d}	输出整数的十进制形式	{:E}	输出浮点数对应的大写字母 E 的指数形式
{:o}	输出整数的八进制形式	{:f}	输出浮点数的标准浮点形式
{:x}	输出整数的小写十六进制形式	{:%}	输出浮点数的百分形式

用 format()格式化方法进行格式控制时，对应的修饰符与%格式控制符的修饰符大致相同，但是更丰富一些，使用的顺序如表 3-5 所示。

表 3-5　修饰符顺序

1	2	3	4	5	6	7
":"	<填充符号>	<对齐符号>	<指定宽度>	,	<指定精度>	<类型说明符>
引导符号，在进行格式修饰时必须写	写 0 时可以在空格处补零；与对齐符号结合使用时可以填充符号和字母等	<：居左 ^：居中 >：居右	指定输出宽度，与%修饰符规则一致	数字的千位分隔符，适用于整数和浮点数	指定小数位数，与%修饰符规则一致	整数类型 b，c，d，o，x，X，浮点数类型 e，E，f，%在进行格式修饰时必须写

format()方法进行格式修饰时，修饰方式比%的格式修饰方式更加简单多样，代码如例 3-8 所示。

【例 3-8】 format()方法进行格式修饰的代码示例。

```
x = 123.126

print(" * {:^11.3f} * ".format(x))     # 数据居中显示
print(" * {:A^11.3f} * ".format(x))    # 数据居中显示,宽度不够的位置填充大写字母 A
print(" * {:011.3f} * ".format(x))     # 数据左侧空格部分填充数字 0

print(" * {:3.6f} * ".format(x))       # 实际宽度大于 3,按实际宽度输出,小数位不够右侧补零
print(" * {:011.2f} * ".format(x))     # 实际宽度小于 11,左侧补零
print(" * {:12.4e} * ".format(x))      # 科学计数法的类型说明符是 e
```

输出结果如下：

```
*  123.126  *
* AA123.126AA *
* 0000123.126 *
* 123.126000 *
* 00000123.13 *
*  1.2313e+02 *
```

format()格式化方法更加简单、方便，需要进行格式控制时，可以多使用 format()方法。另外，在 Python 3.6 之后，出现了 f 格式控制标识符，其中的使用规则基本与 format()方法一致，仅仅格式不同。例如，将 format()方法的程序示例进行修改，格式化效果一样，但是程序更加简化，代码如例 3-9 所示。

【例 3-9】 使用 f 格式控制标识符进行格式控制的代码示例。

```
x = 123.126
# 字符串前面加上格式标识符 f,花括号内进行格式控制时,冒号前面写变量名,冒号后面进行对应
# 格式修饰
print(f" * {x:^11.3f} * ")
print(f" * {x:A^11.3f} * ")
print(f" * {x:011.3f} * ")
print(f" * {x:3.6f} * ")
print(f" * {x:011.2f} * ")
print(f" * {x:12.4e} * ")
```

输出结果如下：

```
*  123.126  *
* AA123.126AA *
* 0000123.126 *
* 123.126000 *
* 00000123.13 *
*  1.2313e+02 *
```

在进行字符串格式化的学习过程中，需要循序渐进，多进行练习，才不会经常犯错。可以先使用格式比较清晰固定的 format()方法，然后在修饰符掌握比较熟练之后，慢慢过渡到使用更加简洁的 f 格式控制标识符进行格式控制。

3.3 字符串的处理

3.3.1 字符串基本操作

1. 字符串的存储和访问

Python 不支持单字符类型,单字符在 Python 中也是作为字符串使用。Python 中字符串以索引的方式存储,如果要访问字符串中的某个字符,则需要使用下标来实现。例如,字符串 name = "Python",在内存中的存储方式如图 3-1 所示。

字符串中的每个字符都对应着两套编号:正索引和负索引。

0	1	2	3	4	5
P	y	t	h	o	n
-6	-5	-4	-3	-2	-1

图 3-1 字符串 name="Python" 在内存中的存储方式

正索引:从左到右从 0 开始,并且依次递增 1,这个编号就是下标。如果要访问字符串中的某个字符,则可以使用下标获取。例如,访问下标为 2 的字符 t,可以用 name[2]来访问。

负索引:从右往左从－1 开始,并且依次递减 1。name 变量的负索引从右往左即－1 到－6。例如,访问字符 t,还可以用 name[－4]来访问。

2. 字符串的切片操作

如果想获取字符串的某一部分内容,可以通过切片的方式来进行截取。Python 中字符串切片语法如下:

```
string[start:end:step]
```

start:切片起始位置的索引,可以用正、负索引值表示。

end:切片终止位置的索引,可以用正、负索引值表示。

step:步长,表示切片索引的增、减值,默认为 1,切片时前一个字符切完直接切片后一个字符,直到切片到终止位置的字符为止。可取正整数 1、2、3…,也可是负整数－1、－2、－3…,切片间隔数分别为 0、1、2…以此类推。

切片时需要注意的四条规则具体如下。

(1) 范围。切片时包含起始位置字符,不包含终止位置字符,例如,name[0:3]的切片结果是 Pyt,不包含 h。

(2) 省略。省略起始位置的索引,默认从第一个字符开始切片,例如,name[:3] 的切片结果仍是 Pyt。省略终止位置的索引,默认从起始位置切完为止,例如,name[1:] 的切片结果是 ython。

(3) 越界。起始位置的索引越界,默认返回空字符串,例如,name[100:6]返回空字符串。终止位置的索引越界,默认从起始位置开始切完为止,例如,name[1:100] 的切片结果是 ython。

(4) 步长。省略不写时默认值为 1,理解步长要从两个方面入手。

① 步长的正负:决定切片的方向。步长为正数,切片从左往右切片,正方向切片;步长为负数,切片从右往左,负方向切片。例如,name[1:3:1]的切片结果是 yt,而 name[3:1:－1]

的结果是 ht。

② 步长的绝对值：决定切片的间隔数。绝对值为 1 时，切片间隔数为 0，也就是一个挨着一个切片，绝对值为 2 时，切片间隔数为 1，也就是间隔一个字符再切，后面以此类推。例如，name[0:5:2]的结果是：Pto，而 name[0:5:3]的结果是：Ph。

字符串的切片操作规则较为复杂，在进行切片操作时，需要注意使用规范，代码如例 3-10 所示。

【例 3-10】 字符串切片操作的代码示例。

```
String = 'we love python'
print(String[0:4:1])
print(String[:3])
print(String[3:])
print(String[-7:-3:1])
print(String[-2:-5:-1])
print(String[6:3:-1])
print(String[::-1])
```

输出结果如下：

```
# 为方便查看程序结果，此处用下画线对空格进行了标识
we_l
we_
love_python
_pyt
oht
evo
nohtyp_evol_ew
```

切片的方式灵活多变，后续的列表和元组也会有相同的切片操作，规则跟字符串的切片操作是一样的，需要多理解切片时需要注意的四条规则，进行多次巩固练习，才能熟练地掌握切片操作，在实际开发过程中解决问题。

3.3.2 字符串运算符

在 Python 开发过程中，经常需要对字符串进行一些基本处理，例如，拼接字符串、重复输出字符串、截取字符串等。可以使用运算符对字符串进行拼接（连接）、重复等操作。字符串常用运算符如表 3-6 所示，表中实例 a="Hello"，b="Python"。

表 3-6 字符串常用运算符

操 作 符	描 述	实 例
+	字符串连接	>>> a+b 'HelloPython'
*	重复输出字符串 n 次	>>> a * 2 'HelloHello'
[]	通过索引获取字符串中字符	>>> a[1] 'e'

续表

操 作 符	描 述	实 例
[:]	截取字符串中的一部分	>>> a[1:4] 'ell'
in	成员运算符：如果主字符串中包含给定的子字符串则返回 True，否则返回 False	>>>"H" in a True
not in	成员运算符：如果主字符串中不包含给定的子字符串则返回 True，否则返回 False	>>>"M" not in a True
r/R	还原符：字符串包含的所有字符都是直接按照字面的意思来使用，不会进行转义	>>> r'C:\Windows\notepad.exe' C:\Windows\notepad.exe 不加 r 字符串会换行

3.3.3 字符串处理方法

在了解字符串的基本操作后，本节将介绍 Python 字符串类型常用的处理方法。在 Python 开发过程中，对字符串处理的需求多样，所以集成了很多字符串处理相关的函数和方法，如查找子字符串、字符串替换、字符串拆分等，这些操作无须开发者自己设计实现，只需调用相应的字符串方法即可。

1. 查找子字符串索引值：find()和 index()方法

find()方法用于检索字符串中是否包含目标字符串，如果包含，则返回第一次出现该字符串的索引；反之，则返回－1。

index()方法也是用于检索字符串中是否包含目标字符串，如果包含，则返回第一次出现该字符串的索引；反之，则报错。语法格式如下：

```
str.find(sub, start=None, end=None)
str.index(sub, start=None, end=None)
```

参数说明如下。

str：表示原字符串。

sub：表示待检索的子字符串。

start 和 end：可以设置子字符串查找的范围，如不设置默认范围则是整个字符串。使用 find()方法查找子字符串索引值的代码如例 3-11 所示。

【例 3-11】 使用 find()方法查找子字符串索引值的代码示例。

```
>>> study_str = "good good study, day day up"
>>> study_str.find("good")
0                                  # 返回第一次出现 good 时,g 在主字符串中的索引值
>>> study_str.find("Good")
-1                                 # 主字符串中没有 Good 子串,所以返回-1
>>> study_str.find("good", 5, 14)
5                                  # 在索引值,5 到 14 的字符串区间里面,也就是"good study"中
                                   # 检索 good 子字符串,返回对应索引值
```

同 find()方法类似，index()方法也可以用于检索字符串中是否包含指定的字符串，且对应的参数作用是一样的，不同之处在于，当指定的字符串不存在时，find()方法返回－1，

而 index()方法会出现 ValueError 报错。使用 index()方法查找子字符串索引值的代码如例 3-12 所示。

【例 3-12】 使用 index()方法查找子字符串索引值的代码示例。

```
>>> study_str = "good good study,day day up"
>>> study_str.index("day")
16
>>> study_str.index("Day")
Traceback(most recent call last):
    File "<stdin>", line 1, in <module>
ValueError: substring not found                # 报错,子字符串没有找到
```

2. 计算子字符串出现次数：count()方法

count()方法用于检索指定字符串在主字符串中出现的次数，如果检索的字符串不存在，则返回 0，否则返回出现的次数。count()方法的语法格式如下：

```
str.count(sub, start=None, end=None)
```

各参数的具体含义如下。

str：表示原字符串。

sub：表示要检索的字符串。

start：指定检索的起始位置，也就是从什么位置开始检索。如果不指定，默认从头开始检索。

end：指定检索的终止位置，如果不指定，则表示一直检索到结尾。

使用 count()方法计算子字符串出现次数的代码如例 3-13 所示。

【例 3-13】 使用 count()方法计算子字符串出现次数的代码示例。

```
>>> study_str = "good good study,day day up"
>>> study_str.count("d")               # 可以计算只有单个字符的字符串出现次数
5
>>> study_str.count("od")              # 也可以计算包含多个字符的字符串出现次数
2
>>> study_str.count("Day")             # 如果查找的字符串不存在,则返回 0
0
```

3. 字母大小写变换：lower()、upper()、title()、swapcase()方法

lower()方法用于将字符串中的所有大写字母转换为小写字母，转换完成后，该方法会返回新得到的转换为小写的字符串。如果字符串中原本就都是小写字母，则该方法会返回原字符串。

upper()方法的功能和 lower()方法恰好相反，它用于将字符串中的所有小写字母转换为大写字母，即如果转换成功，则返回小写变大写之后的新字符串；如果原字符串字母都是大写，则返回字符串与原字符串一样。

title()方法用于将字符串中每个英文单词的首字母转为大写，其他字母全部转为小写，转换完成后，此方法会返回转换得到的字符串。如果字符串中没有需要被转换的字符，此方法会将字符串原封不动地返回。

swapcase()方法是将字符串中大写字母转换为小写字母，同时把小写字母转换为大写字母。

语法规则如下：

```
str.lower()
str.upper()
str.title()
str.swapcase()
```

str 表示原字符串，四种方法不需要进行参数传递。

代码如例 3-14 所示。

【例 3-14】 使用 lower()、upper()、title()和 swapcase()方法对字符串中字母大小进行变换的代码示例。

```
>>> study_str = "Good Good Study, Day Day Up"
>>> study_str.lower()
'good good study, day day up'

>>> study_str.upper()
'GOOD GOOD STUDY, DAY DAY UP'

>>> study_str.title()
'Good Good Study, Day Day Up'

>>> study_str.swapcase()
' gOOD gOOD sTUDY, dAY dAY uP '
```

注意，以上四种方法相当于创建了一个原字符串的副本，将转换后的新字符串返回，而不会修改原字符串。

4. 字符串替换：replace()方法

replace()方法把字符串中的 old(旧字符串)替换成 new(新字符串)，如果指定第三个参数 max，则替换不超过 max 次。返回的是替换后的新字符串，原字符串不会改变。replace()方法语法规则如下：

```
str.replace(old, new[, max])
```

此方法中部分参数的含义如下。

old：将被替换的子字符串。

new：新字符串，用于替换 old 子字符串。

max：可选字符串，替换不超过 max 次。

replace()方法类似于 word 文档中的查找和替换功能，可以将需要替换的文本一次性替换，代码如例 3-15 所示。

【例 3-15】 使用 replace()方法进行字符串替换的代码示例。

```
>>> study_str = "玉穷千里目，更上一层楼"
>>> study_str.replace("玉", "欲")
'欲穷千里目，更上一层楼'

>>> study_str = "玉穷千里目，更上一层楼…"
```

```
>>> study_str.replace(".", "!")                # 替换所有"."号
'欲穷千里目,更上一层楼!!!'

>>> study_str.replace(".", "!", 2)             # 替换 2 个"."号
'玉穷千里目,更上一层楼!!.'
```

5. 字符串拆分：split()方法

split()方法可以将一个字符串按照指定的分隔符切分成多个子字符串，这些子字符串会被保存到列表中（不包含分隔符），作为返回值反馈回来。该方法的基本语法格式如下：

```
str.split(sep=None, maxsplit)
```

此方法中各参数的含义如下。

str：表示要进行分割的字符串。

sep：用于指定分隔符，可以包含多个字符。此参数默认为 None，表示所有空字符，包括空格、换行符(\n)、制表符(\t)等。

maxsplit：可选参数，用于指定分割的次数，最后列表中子字符串的个数最多为 maxsplit+1。如果不指定或指定为 −1，则表示分割次数没有限制。

使用 split()方法进行字符串替换的代码如例 3-16 所示。

【例 3-16】 使用 split()方法进行字符串转换的代码示例。

```
>>> study_str = "2020 12 24"
>>> study_str.split()
['2000', '12', '24']

>>> study_str = "2020-12-24"
>>> study_str.split("-")
['2000', '12', '24']
```

6. 去除多余字符：strip()、lstrip()、rstrip()方法

用户输入数据时，可能会无意中输入多余的空格，或在一些场景中，字符串前后不允许出现空格和特殊字符，此时需要去除字符串中的空格和特殊字符。这里的特殊字符，指的是制表符(\t)、回车符(\r)、换行符(\n)等。

Python 中，字符串变量提供了 3 种方法来去除字符串中多余的空格和特殊字符，它们分别如下。

strip()方法：去除字符串前后（左右两侧）的空格或特殊字符，返回去除之后生成的新字符串，原字符串不变。

lstrip()方法：去除字符串前面（左侧）的空格或特殊字符。返回去除之后生成的新字符串，原字符串不变。

rstrip()方法：去除字符串后面（右侧）的空格或特殊字符。返回去除之后生成的新字符串，原字符串不变。

三种方法的基本语法格式如下：

```
str.strip([chars])
str.lstrip([chars])
str.rstrip([chars])
```

参数说明如下。

str：表示要进行字符去除的字符串。

char：去除字符串头、尾指定的字符序列。

使用 strip()、lstrip()和 rstrip()方法去除多余字符的代码如例 3-17 所示。

【例 3-17】 使用 strip()、lstrip()和 rstrip()方法去除多余字符的代码示例。

```
>>> study_str = " hahaha "
>>> study_str.strip()
'hahaha'

>>> study_str = "###hahaha###"
>>> study_str.strip("#")
'hahaha'
>>> study_str.lstrip("#")
'hahaha###'
>>> study_str.rstrip("#")
'###hahaha'
```

注意，Python 的 str 是不可变的(不可变的意思是指，字符串一旦形成，它所包含的字符序列不能发生任何改变)，因此这三种方法相当于只是返回字符串前面或后面字符被去除之后的副本，并不会改变字符串本身。

常用的字符串处理方法如表 3-7 所示。

表 3-7 常用的字符串处理方法

方法名称	方法说明
S.split(sep,maxsplit)	返回字符串中的字符列表，使用 sep 作为分隔符切分字符串，至多拆分 maxsplit 次
sep.join(S)	连接字符串数组。将字符串、元组、列表中的元素以指定的分隔符连接生成一个新字符串
S.isalnum()	检验字符串是否为空。如果字符串至少有一个字符，则返回 True，否则返回 False
S.replace(old,new,count)	返回字符串，其中所有的子字符串 old 用 new 替换。如果指定了可选参数 count，则只有前面 count 个子字符串 old 被替换
S.strip([char])/S.lstrip([char])/S.rstrip([char])	去除字符串的两侧/左侧/右侧空格
S.upper()/S.lower()	小写转换为大写/大写转换为小写
S.swapcase()	字符串中所有大写转为小写，所有小写转为大写
S.capitalize()	把字符串的第一个字母转为大写
S.title()	把所有单词的第一个字母转为大写
S.count(sub,start,end)	查询字符串中子字符串 sub 出现的次数，可以规定查询起、止位置
S.find(sub,start,end) S.index(sub,start,end)	查询字符串 S 中子字符串 sub 的索引值，可以规定查询起、止位置
len(S)	计算字符串 S 中的字符个数

本章小结

字符串是 Python 中最常用的数据类型。本章主要介绍了字符串类型变量的创建、字符串格式化方法(包括%格式控制符、format()格式化方法和 f 格式控制标识符)、字符串的基本操作、字符串的处理函数和方法。

流程控制语句

学习目标

- ➢ 理解程序的表示方法——程序流程图。
- ➢ 理解程序三大基本结构：顺序结构、分支结构和循环结构。
- ➢ 掌握 if、if-else 及 if-elif-else 语句的基本结构和语法。
- ➢ 掌握 for、while 循环的基本结构和语法。
- ➢ 掌握分支结构的嵌套、循环结构的嵌套，以及分支与循环的组合嵌套。
- ➢ 掌握 break、continue 及 pass 循环控制语句。

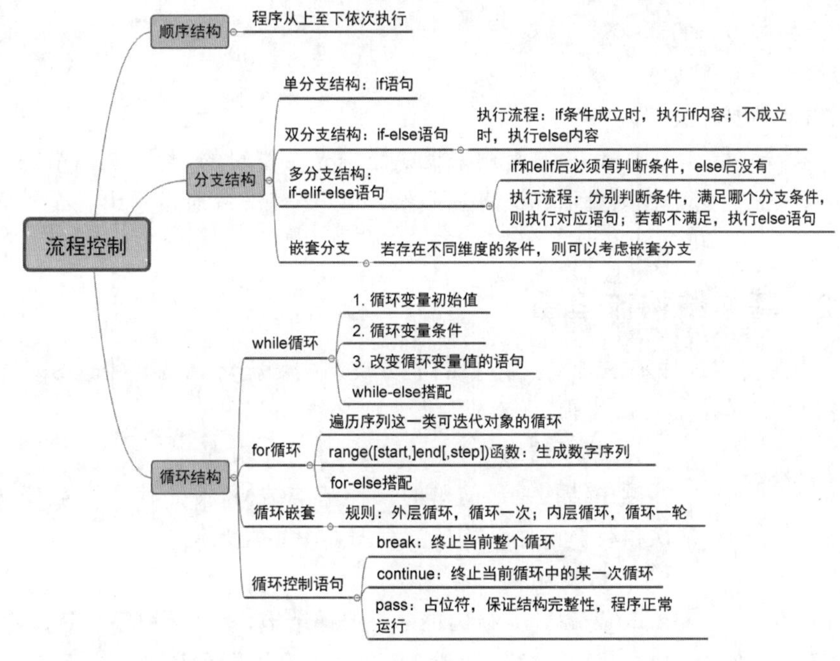

控制语句是程序语言的逻辑结构基础，也是程序编写的重点。掌握 Python 流程控制语句的应用，是进行程序和算法编写的必备条件。本章主要介绍 Python 的三大流程控制结构，包括顺序结构、分支结构和循环结构，使用这些流程控制语句可以控制程序的执行过程。其中，需要重点掌握 if、if-else、if-elif-else 三种分支结构以及 while、for 两种循环结构。

4.1 程序表示方法

4.1.1 程序流程图

程序流程图是用代表各种不同操作的框图进行组合，演示算法流程的一种表现形式，更加直观形象，便于理解。表4-1是一些常用的程序流程图符号。

表4-1 常用的程序流程图符号

符　号	描　述	符　号	描　述
（圆角矩形）	起止框	（矩形）	处理框
（平行四边形）	输入输出框	→	流程线
（菱形）	判断框	○	连接点

流程图是表示算法的较好的工具。一个流程图包括以下几部分。

（1）表示相应操作的框。

（2）带箭头的流程线。

（3）框内外必要的文字说明。

注意，流程线不要忘记画箭头，它是用来反映流程先后逻辑的，若不画出箭头就难以判定各框的执行次序。用流程图表示算法直观形象，可以比较清楚地显示出各个框之间的逻辑关系。

4.1.2 基本结构流程图

Python中主要有3种基本结构：顺序结构、分支结构和循环结构。用这3种基本结构可以实现各种复杂算法的程序逻辑。

1．顺序结构

顺序结构是最简单的一种基本结构，按照代码的顺序从上到下依次执行。顺序结构的流程图如图4-1所示。

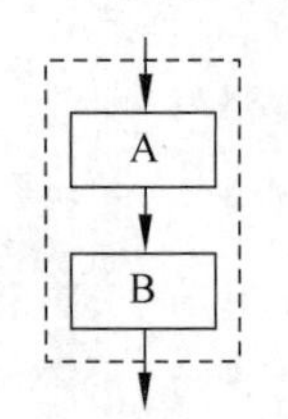

图4-1　顺序结构的流程图

2．分支结构

Python分支结构也称为选择结构，就是让程序“拐弯”，有选择性地执行代码；换句话说，可以跳过没用的代码，只执行有用的代码。选择结构的流程图如图4-2所示，如果条件P成立，则执行A操作，否则执行B操作，然后程序继续往后执行。

3．循环结构

Python循环结构又称为重复结构，就是不断地重复执行某一段代码。循环结构的流程图如图4-3所示。程序会首先判断条件P是否成立，如果成立则会执行A操作，然后再判断条件P，直到条件P不成立，循环结构终止，程序继续往后执行。

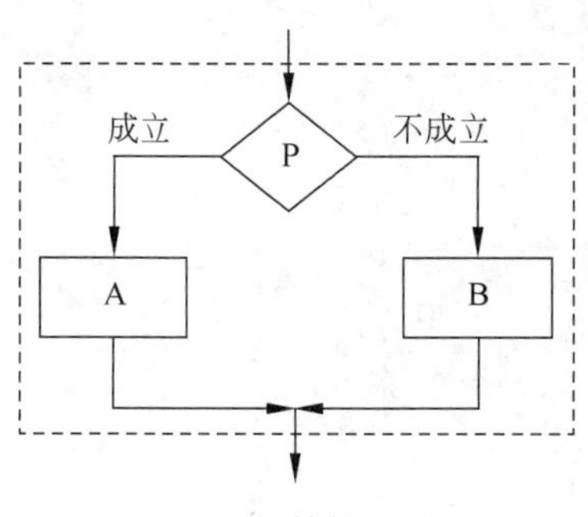

图 4-2　选择结构的流程图

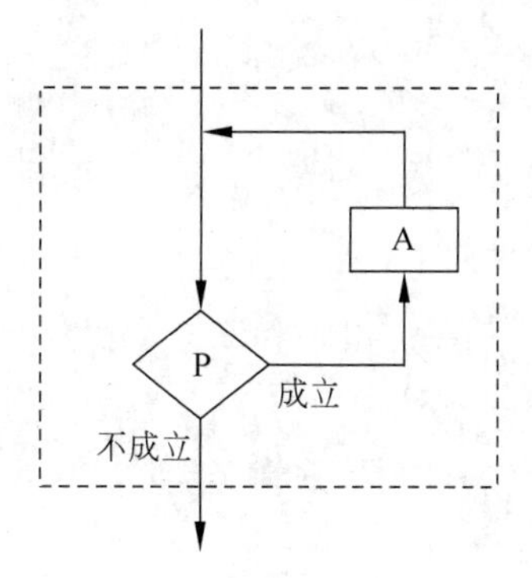

图 4-3　循环结构的流程图

4.1.3　流程图的应用

案例：现需要判断数字序列 1～100 中，哪些数字为奇数，哪些数字为偶数，那么对应的程序思路如下。

（1）运用循环结构循环生成 1～100 的数字。

（2）再依次运用分支结构对数字奇、偶性进行判断。

（3）按照判断结果进行输出，直到循环结束。

对应的程序流程图如图 4-4 所示。

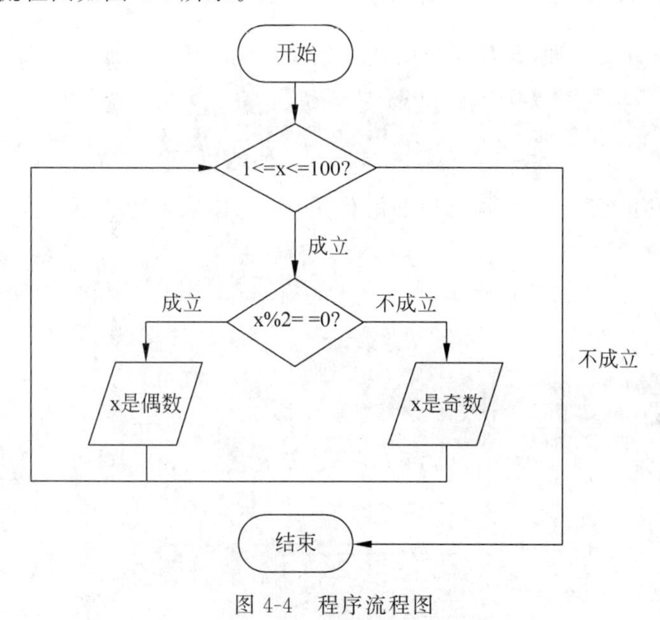

图 4-4　程序流程图

4.2　顺序结构

Python 顺序结构是让程序按照从头到尾的顺序依次执行每一条 Python 代码，不重复执行任何代码，也不跳过任何代码，代码如例 4-1 所示。

【例 4-1】　顺序结构的代码示例。

```
number1 = eval(input("请输入第一个数:"))
number2 = eval(input("请输入第二个数:"))
print(f"{number1}+{number2}={number1+number2}")
```

输出结果如下：

```
请输入第一个数:10
请输入第二个数:20
10+20=30
```

4.3 分支结构

顺序结构的代码都是按顺序执行的，也就是先执行第1条语句，然后是第2条、第3条……直到最后一条语句。

但是很多情况下，顺序结构的代码是远远不够用的。实际开发场景中会有很多因为满足不同条件需要执行不同操作的需求。例如，网页界面的菜单栏中，需要选择不同选项来显示不同的网页内容，或满足不同条件时进行不同的数据处理等。接下来进行分支结构的介绍。

4.3.1 单分支结构：if语句

if语句实现单分支处理，是最简单的条件判断语句。if语句的一般形式如下：

```
if 表达式:
    语句块1
```

如果表达式成立(真)，那么执行后面的代码块1；如果表达式不成立(假)，那么什么也不执行，代码如例4-2所示。

【例4-2】 单分支结构的代码示例。

```
score_cet4 = 424
if score_cet4 < 425:
    print("大学英语四级考试未通过，请继续努力。")
print("单分支程序完成。")
```

输出结果如下：

```
大学英语四级考试未通过，请继续努力。
单分支程序完成。
```

由缩进可以看出，第一个print()输出语句属于此单分支结构，而第二个print()输出语句则不属于该结构。所以if单分支条件成立与否，只决定第一个print()函数是否输出数据；第二个print()函数与if单分支结构无关。

注意：

(1) 每个if条件后要使用冒号(:)，是固定的语法规范，必须要写，表示判断条件的结束，开始分支语句的内容。

(2) 使用缩进来划分语句块,相同缩进数的语句在一起组成一个语句块。

4.3.2 双分支结构:if-else 语句

if 语句只能执行满足条件的程序代码,若不满足条件而需要执行其他程序代码,这时可以用 if-else 语句来实现。if-else 语句的基本格式如下:

```
if  表达式:
    代码块 1
else:
    代码块 2
```

如果表达式成立(真),则执行代码块 1;如果表达式不成立(假),则执行代码块 2,代码如例 4-3 所示。

【例 4-3】 双分支结构的代码示例。

```
score_cet4 = 500
if score_cet4 < 425:
    print("大学英语四级考试未通过,请继续努力。")
else:
    print("恭喜你成功通过大学英语四级考试。")
print("双分支程序完成。")
```

输出结果如下:

```
恭喜你成功通过大学英语四级考试。
双分支程序完成。
```

双分支结构中执行 else 子句的隐含条件相当于是 score_cet4>=425,注意,if 和 else 的子句都需要缩进。

4.3.3 多分支结构:if-elif-else 语句

还有另一种情况,如果需要判断的条件数大于 2 种,而 if 和 if-else 语句显然无法完成多条件判断,这时就需要用 if-elif-else 多条件判断语句。其基本格式如下:

```
if 表达式 1:
    代码块 1
elif 表达式 2:
    代码块 2
    ⋮
elif 表达式 n:
    代码块 n
else:
    代码块 n+1
```

对于 if-elif-else 多条件判断语句,Python 会从上到下逐个判断表达式是否成立,一旦遇到成立的表达式,就执行后面紧跟的代码块;此时,不管后面的表达式是否成立,剩下的代码都不再执行。如果所有的表达式都不成立,则执行 else 后面的代码块,代码如例 4-4 所示。

【例 4-4】 多分支结构的代码示例。

```
score_cet4 = int(input("请输入您的四级分数:"))
if score_cet4 < 425:
    print("您的四级成绩未通过,请继续努力。")
elif score_cet4 <= 500:
    print("您的四级成绩合格。")
elif score_cet4 <= 600:
    print("您的四级成绩良好。")
else:
    print("您的四级成绩优秀。")
print("多分支程序完成。")
```

输出结果如下：

```
请输入您的四级分数:600
您的四级成绩良好。
多分支程序完成。
```

4.3.4 嵌套分支结构

嵌套分支是指 if、if-else 和 if-elif-else 语句还可以根据具体情况嵌入 if、if-else 或 if-elif 语句。一般应用在有多维度条件的实际问题中，其基本格式如下：

```
if 表达式 1:
    代码块 1
    if 表达式 2:
        代码块 2
    else 表达式 3:
        代码块 3
    ...
elif 表达式 n:
    代码块 n
    if 表达式 n+1:
        代码块 n+1
    else:
        代码块 n+2
...
```

对于嵌套分支的执行流程，遵循从外到内依次判断的顺序，而嵌套的不管是单分支、双分支还是多分支，其执行流程和其他分支结构的规则一致，代码如例 4-5 所示。

【例 4-5】 嵌套分支结构的代码示例。

```
ticket = True
liquid_v = 150

if ticket:
    print('已有机票,请安检……')
    if liquid_v > 100:
        print('液体体积为{}ml:超出限定容量,禁止登机'.format(liquid_v))
    else:
```

```
        print('液体体积为{}ml:没有超过限定容量,允许入内'.format(liquid_v))
else:
    print('请先买票')
```

输出结果如下：

```
已有机票,请安检……
液体体积为 150ml:超出限定容量,禁止登机
```

4.4 循环结构

在日常生活中或是在程序所处理的问题中常遇到需要重复处理的问题，处理这些重复问题的常用方法是编写若干个重复语句。虽然这种方法可以满足需求，但是代码冗余度高、工作量大、效率低。因此，想要高效地重复执行某些操作，可以使用循环语句。

4.4.1 while 循环

while 循环和 if 语句类似，即在条件（表达式）为真的情况下，会执行相应的代码块。不同之处在于，只要条件为真，while 循环会一直重复执行相应的代码块。while 循环的语法格式如下：

```
while 条件表达式:
    代码块
```

这里的代码块指的是缩进格式相同的多行代码，在循环结构中，它又被称为循环体。while 循环执行的具体流程为：首先判断条件表达式的值，其值为真（True）时，则执行代码块中的语句，当执行完毕后，再重新判断条件表达式的值是否为真，若仍为真，则继续执行代码块，如此循环，直到条件表达式的值为假（False），则终止循环，代码如例 4-6 所示。

【例 4-6】 while 循环的代码示例。

```
# 求解 10 的阶乘
result = 1
i = 1
while i <= 10:
    result *= i
    i += 1
print(result)
```

以上代码求解 10 的阶乘结果为 3628800，使用 while 循环，需要注意三点：循环控制变量 i 的初始值、对应的循环条件和改变循环控制变量的语句，即 i+=1。另外，存储最终乘积的 result 也需要赋予初始值，否则程序语句 result *=i 会报错。

Python 中的 while 循环可以跟分支结构中的 else 关键字搭配使用。当 while 循环正常结束后，会执行 else 中的语句；若是非正常终止的，即循环是通过 break 关键字直接终止的，则不会执行 else 中的语句。

例如，若要实现数字炸弹的游戏，则可以使用 while 循环和 else 的搭配来实现。其中游

戏规则如下。

（1）随机生成指定范围内的某一个数字，如1～1000中的随机整数。

（2）然后循环地猜测随机数是哪个，直到猜中为止。

代码如例4-7所示。

视频讲解

【例4-7】 while循环和else搭配使用的代码示例。

```
from random import randint
number = randint(1, 1000)
guess_number = int(input("请随机输入一个整数:"))
while number != guess_number:
    if number < guess_number:
        print("您猜的数字大了!请再猜一次。")
    elif number > guess_number:
        print("您猜的数字小了!请再猜一次。")
    guess_number = int(input("请随机输入一个整数:"))
else:
    print("恭喜您!猜对了!")
```

输出结果如下：

```
请随机输入一个整数:500
您猜的数字小了!请再猜一次。
请随机输入一个整数:750
您猜的数字大了!请再猜一次。
请随机输入一个整数:600
您猜的数字小了!请再猜一次。
请随机输入一个整数:650
您猜的数字大了!请再猜一次。
请随机输入一个整数:625
您猜的数字大了!请再猜一次。
请随机输入一个整数:620
您猜的数字小了!请再猜一次。
请随机输入一个整数:621
恭喜您!猜对了!
```

while循环的条件是number!=guess_number，循环正常终止的对应条件正好是number与guess_number相等，也正好执行else内的语句，输出结果"恭喜您！猜对了！"。

4.4.2 for循环

4.4.1节已详细讲解了while循环，本节介绍for循环，它常用于遍历字符串、列表、元组、字典、集合等可迭代对象，逐个获取这些对象中的各个元素。for循环的语法格式如下：

```
for 循环变量 in 可迭代对象:
    代码块
```

循环变量用于存放从可迭代对象中读取的元素，所以一般不会在循环结构中对循环变量手动赋值；循环的对象一般为字符串、列表、元组、字典、集合等数据；代码块指的是具有相同缩进格式的多行代码（和while循环一样），由于与循环结构联用，因此代码块又被称为循环体。

for 循环可以遍历字符串、列表、字典和集合等可迭代对象，代码如例 4-8 所示。

【例 4-8】 for 循环的代码示例。

```
# 1. for 循环遍历字符串
str1 = "武汉是一座英雄的城市"
for character in str1:
    print(character, end="")

# 2. for 循环遍历列表
circle_color = ["blue", "black", "red", "yellow" ,"green"]
for color in circle_color:
    print(color, end=" ")

# 3. for 循环遍历字典
stu_dict = {"院系": "计信学院", "学号": "12345678", "姓名": "小哈"}
for key in stu_dict:
    print(key, stu_dict[key])

# 4. for 循环遍历集合
Set = {(3, 4), True, "abc", 12.3}
for i in Set:
    print(i, end=" ")
```

输出结果如下：

```
# 1. for 循环遍历字符串
武汉是一座英雄的城市

# 2. for 循环遍历列表
blue black red yellow green

# 3. for 循环遍历字典
院系 计信学院
学号 12345678
姓名 小哈

# 4. for 循环遍历集合
abc True (3, 4) 12.3
```

4.4.3 range()函数

如果需要遍历数字序列，可以使用内置 range()函数。其语法格式如下：

```
range(start,end,step)
```

range()函数的参数含义如下。

start：表示列表起始位置，该参数可以省略，此时列表默认从 0 开始。

end：表示列表结束位置，但不包括 end。例如，range(0,5)表示列表[0,1,2,3,4]。

step：表示列表中元素的增幅，即步长，该参数可以省略，列表步长默认为 1。

代码如例 4-9 所示。

【例 4-9】 使用 range()函数代码示例。

```
for i in range(1, 10, 1):              # 步长 1 可以省略不写
    print(i, end=" ")

for i in range(1, 10, 2):              # 步长为 2,间隔一个数生成数字
    print(i, end=" ")

for i in range(-10, 10):               # 也可以生成负数
    print(i, end=" ")
```

输出结果如下：

```
    1 2 3 4 5 6 7 8 9
    1 3 5 7 9
    -10 -9 -8 -7 -6 -5 -4 -3 -2 -1 0 1 2 3 4 5 6 7 8 9
```

for 循环常和 range()函数结合使用，range()函数可以生成数字序列，结合 len()函数生成字符串、列表或元组的索引值，然后使用 for 循环可以遍历这些数据的索引值进行操作，代码如例 4-10 所示。

【例 4-10】 for 循环与 range()函数结合使用的代码示例。

```
List_code = [22909, 22909, 23398, 20064, 65292, 22825, 22825, 21521, 19978, 12290]
for i in range(len(List_code)):              # range()和 len()函数组合生成列表索引值
    word = chr(List_code[i])                 # chr()函数将编码值转换成对应字符
    print(word, end="")
```

输出结果如下：

```
好好学习，天天向上。
```

另外，Python 中的 for 循环也可以跟分支结构中的 else 关键字搭配使用。当 for 遍历完循环对象中所有的元素后，会执行 else 中的语句；若还没遍历完所有元素就非正常终止了，即循环是通过 break 关键字直接终止的，则不会执行 else 中的语句。

若要实现判断 2～100 的数字是否为素数，可以使用 for 循环和 else 的搭配来实现，代码如例 4-11 所示。

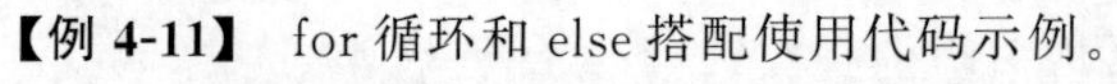

【例 4-11】 for 循环和 else 搭配使用代码示例。

视频讲解

```
for i in range(2, 101):              # 生成 2～100 的数字序列
    for j in range(2, i):            # 生成 2～i-1 的数字序列
        if i % j == 0:               # 依次用 i 求余 2～i-1,有一个能整除就不是素数
            print("%d 不是素数。" % i)
            break                    # 已经判断出不是素数,直接终止内层 for 循环
    else:                            # 跟内层 for 匹配,当没有执行 break 时,说明 i 一定是素数
        print("%d 是素数。" % i)
```

输出结果如下：

```
2 是素数。
3 是素数。
```

```
4 不是素数。
5 是素数。
6 不是素数。
7 是素数。
8 不是素数。
9 不是素数。
    ……
99 不是素数。
100 不是素数。
```

斐波那契数列(Fibonacci Sequence),又称黄金分割数列,因数学家莱昂纳多·斐波那契(Leonardoda Fibonacci)以兔子繁殖为例子而引入,故又称为"兔子数列",指的是这样的数列:0,1,1,2,3,5,8,13,21,34,…在数学上,斐波那契数列以递推的方法定义,如下所示。

$$F(0)=0,$$
$$F(1)=1,$$
$$F(n)=F(n-1)+F(n-2)(n \geqslant 2, n \in N^{*})$$

在现代物理、准晶体结构、化学等领域,斐波那契数列都有直接的应用。

用 for 循环和 range()函数可以非常方便地实现任意数的斐波那契数列的输出,代码如例 4-12 所示。

【例 4-12】 for 循环计算前 n 项斐波那契数列代码示例。

视频讲解

```
fibo_num = int(input("请输入需要生成的斐波那契项数个数:"))
fibo_one, fibo_two = 1, 1
for i in range(fibo_num):
    print(fibo_one, end=" ")
    fibo_one, fibo_two = fibo_two, fibo_one+fibo_two
```

输出结果如下:

```
请输入需要生成的斐波那契项数个数:10
1 1 2 3 5 8 13 21 34 55
```

4.4.4 循环控制——break、continue 和 pass 语句

在执行 while 循环或 for 循环时,只要循环条件满足,程序将会一直执行循环体,不停地循环。但某些场景需要在循环结束前就强制结束循环,Python 提供了 2 种强制离开当前循环体的方法:break 语句和 continue 语句。此外,Python 还提供了 pass 语句,用来让解释器跳过此处,什么都不做。

1. break 语句

break 语句可以立即终止当前循环的执行,跳出当前所在的循环结构。无论是 while 循环还是 for 循环,只要执行 break 语句,就会直接结束当前正在执行的循环体。

这就好比在操场上跑步,原计划跑 5 圈,可是当跑到第 3 圈的时候,临时有事,于是直接停止跑步并离开操场,这就相当于使用了 break 语句提前终止了循环。

break 语句的语法非常简单,只需要在相应 while 或 for 循环中直接加入即可,代码如

例 4-13 所示。

【例 4-13】 使用 break 语句的代码示例。

```
for i in range(1, 6):
    if i == 3:
        print("第 3 圈临时有事,停止锻炼。")
        break
    print("这是第{}圈"。format(i))
```

输出结果如下：

```
这是第 1 圈
这是第 2 圈
第 3 圈临时有事,停止锻炼。
```

例 4-7 中实现数字炸弹游戏，是使用 while 循环和 else 搭配实现的，那么使用 while 循环和 break 搭配也同样能实现，代码如例 4-14 所示。

视频讲解

【例 4-14】 while 循环和 break 搭配使用的代码示例。

```
from random import randint
number = randint(1,1000)
while True:
    guess_number = int(input("请随机输入一个整数:"))
    if number < guess_number:
        print("您猜的数字大了!请再猜一次。")
    elif number > guess_number:
        print("您猜的数字小了!请再猜一次。")
    else:
        print("恭喜您!猜对了!")
        break
```

输出结果如下：

```
请随机输入一个整数:500
您猜的数字大了!请再猜一次。
请随机输入一个整数:250
您猜的数字小了!请再猜一次。
请随机输入一个整数:375
您猜的数字小了!请再猜一次。
请随机输入一个整数:435
您猜的数字大了!请再猜一次。
请随机输入一个整数:405
您猜的数字小了!请再猜一次。
请随机输入一个整数:420
您猜的数字大了!请再猜一次。
请随机输入一个整数:415
您猜的数字大了!请再猜一次。
请随机输入一个整数:410
恭喜您!猜对了!
```

将 while 循环的条件设置为 True，是 while 循环中的一种特殊写法，True 代表循环条件永远成立，也就意味着循环无法通过条件终止，但可以通过 break 来进行终止，例 4-14

中，不论玩家猜的数字是大还是小，都无法终止循环，只有当猜对之后，需要终止，所以在else分支内部加一个break即可。

2. continue语句

和break语句相比，continue语句的作用则没有那么强大，它只能终止执行本次循环中剩下的代码，直接从下一次循环继续执行。

仍然以在操场上跑步为例，原计划跑5圈，但跑到第3圈累了，第三圈不跑，改为走一圈，休息一会儿，并直接从第4圈开始跑。

continue语句的用法和break语句一样，只要在while或for循环中的相应位置加入即可，代码如例4-15所示。

【例4-15】 continue语句的使用代码示例。

```
for i in range(1, 6):
    if i == 3:
        print("第3圈走一圈,休息一会儿。")
        continue
    print("第{}圈跑步运动".format(i))
```

输出结果如下：

```
第1圈跑步运动
第2圈跑步运动
第3圈走一圈,休息一会儿。
第4圈跑步运动
第5圈跑步运动
```

3. pass语句

在实际开发中，有时会先搭建起程序的整体逻辑结构，暂时不去实现某些细节，而是在这些地方加一些注释，方便以后再添加代码，同样可以用pass语句作为占位符，实现同样的功能，且程序代码看起来更简洁、美观，代码如例4-16所示。

【例4-16】 使用pass语句的代码示例。

```
for i in range(1, 6):
    if i == 3:
        pass
    print("第{}圈跑步运动".format(i))
```

输出结果如下：

```
第1圈跑步运动
第2圈跑步运动
第3圈跑步运动
第4圈跑步运动
第5圈跑步运动
```

该代码示例中，当i等于3时，满足分支条件，但是里面处理的代码，还没有确定怎么写，那么可以先用pass语句进行占位，此时相当于满足条件，但什么都不做。这样就可以先运行其他代码，保持程序结构完整性，不会因为缺少语句导致程序出错。如果确定了分支结构中的程序语句怎么写了，直接删除 pass 语句，补充对应程序语句即可。

pass 也是 Python 的关键字之一，用来让解释器跳过此处，什么都不做。就像上面的情况，有时候程序需要占一个位置或放一条语句，但又不希望这条语句被执行，此时就可以通过 pass 语句来实现。使用 pass 语句比使用注释更加美观。

4.4.5 嵌套循环

不仅 if 语句支持相互嵌套，while 和 for 循环结构也支持嵌套。例如，for 循环里面包含 for 循环、while 循环里面包含 while 循环、甚至 while 循环中包含 for 循环或 for 循环中包含 while 循环也都是允许的。

当 2 个(甚至多个)循环结构相互嵌套时，位于外层的循环结构常简称为外层循环或外循环，位于内层的循环结构常简称为内层循环或内循环，代码如例 4-17 所示。

视频讲解

【例 4-17】 使用嵌套 for 循环求 1!+2!+3!+…+n!的代码示例。

```
n = int(input("请输入计算阶乘的个数:"))
sum1 = 0
for i in range(1, n+1):
    mul = 1
    for j in range(1, i+1):
        mul *= j
    sum1 += mul
print("1!+…+{}!={}".format(n, sum1))
```

输出结果如下：

```
请输入计算阶乘的个数:5
1!+…+5!=153
```

外层循环变量 i 等于 1，内层循环计算 1 的阶乘，然后加上 sum1；接着外层循环 i 变成 2，内层循环再计算 2 的阶乘，再加上 sum1，后面依次计算 3!、4! 和 5!，并且求和，存入 sum1 中，最后得出阶乘总和为 153。

用 while 循环来求解 1!+2!+3!+…+n!，代码如例 4-18 所示。

【例 4-18】 使用嵌套 while 循环求 1!+2!+3!+…+n!的代码示例。

```
n = int(input("请输入计算阶乘的个数:"))
sum1, i = 0, 1                # 循环变量 i 的初值
while i < n+1:                # 外层循环的条件
    mul = j = 1               # 循环变量 j 的初值
    while j < i+1:            # 内层循环的条件
        mul *= j
        j += 1                # 改变内层循环变量 j 的语句
    sum1 += mul
    i += 1                    # 改变外层循环变量 i 的语句
print("1!+…+{}!={}".format(n, sum1))
```

输出结果如下：

```
请输入计算阶乘的个数:6
1!+…+6!=873
```

由例 4-17 和例 4-18 可以看出，一般情况下，当循环次数固定时，for 循环的写法比 while 循环更简单；而当循环次数不固定，且跟循环体的执行情况相关时，一般可以优先选择使用 while 循环。

Python 解释器执行循环嵌套结构代码的流程如下。

(1) 当外层循环条件成立时，执行外层循环结构中的循环体。

(2) 进入外层循环的循环体后，执行内层循环，直到内层循环结束。

(3) 内层循环结束后，再次判断外层循环条件，若仍成立，则返回第(2)步，反复执行，直到外层循环的循环条件不成立为止，整个循环结束。

(4) 当内层循环的循环条件不成立，且外层循环的循环条件也不成立，则整个嵌套循环才算执行完毕。

在计算机领域中，认为编写的程序＝数据结构＋算法，数据结构的好坏直接关系到程序的质量，而在实际开发过程中经常会用到的各类排序算法的思想，如冒泡排序、选择排序和快速排序等，不同的排序方法处理数据的效率各有不同。现在以冒泡排序的代码为例，阐述嵌套循环的代码特点及流程。

冒泡排序(Bubble Sort)是一种简单、直观的排序算法。它重复地访问要排序的数列，一次比较两个元素，以升序为例，如果比较的两个元素前一个大于后一个，就对它们进行交换，然后重复地进行，直到没有再需要交换的元素，那么该数列已经排序完成。

冒泡排序的思想如下。

第一，比较相邻的元素。如果第一个比第二个大，就对它们进行交换。

第二，对每一对相邻元素做同样的工作，从开始第一对到结尾的最后一对。这步做完后，最后的元素会是最大的数。

第三，针对所有的元素重复以上的步骤，除了最后一个。

第四，持续对越来越少的元素重复上面的步骤，直到没有任何一对数字需要比较。

演示代码如例 4-19 所示。

【例 4-19】 嵌套循环——冒泡排序代码示例。

视频讲解

```
sort_num = [34, 12, 67, 13, 2, 100, 79, 23, 35, 89]
length = len(sort_num)
for i in range(length - 1):
    for j in range(length - i - 1):
        if sort_num[j] > sort_num[j+1]:
            sort_num[j], sort_num[j+1] = sort_num[j+1], sort_num[j]
print(sort_num)
```

输出结果如下：

```
[2, 12, 13, 23, 34, 35, 67, 79, 89, 100]
```

由冒泡排序的思想可以推出，n 个数字只需要比较 n－1 轮，也就是例 4-19 中第一个 for 循环的 length－1；而每一轮内部的比较次数依次是 n－1 次、n－2 次、n－3 次、……、2 次、1 次，也就是第二个 for 循环中的 length－i－1。然后，Python 中交换两个变量中的数据可以直接写成 a,b=b,a 的形式，所以交换 sort_num[j]和 sort_num[j＋1]，就可以直接写成 sort_num[j],sort_num[j＋1] = sort_num[j＋1],sort_num[j]。

本章小结

本章主要介绍 Python 的流程控制结构，包括顺序结构、分支结构、循环结构，使用流程控制语句可以控制程序的执行过程。其中，需要重点掌握 if、if-else、if-elif-else 选择结构、while、for 循环结构、选择及循环的嵌套用法。

复合数据类型

学习目标

➢ 理解数据类型分类。

➢ 掌握序列类型的基本操作方法。

➢ 熟练掌握列表类型、元组类型的操作方法。

➢ 熟练掌握字典类型的组成方式和操作方法。

➢ 理解集合类型的特征，熟悉集合类型的运算方式。

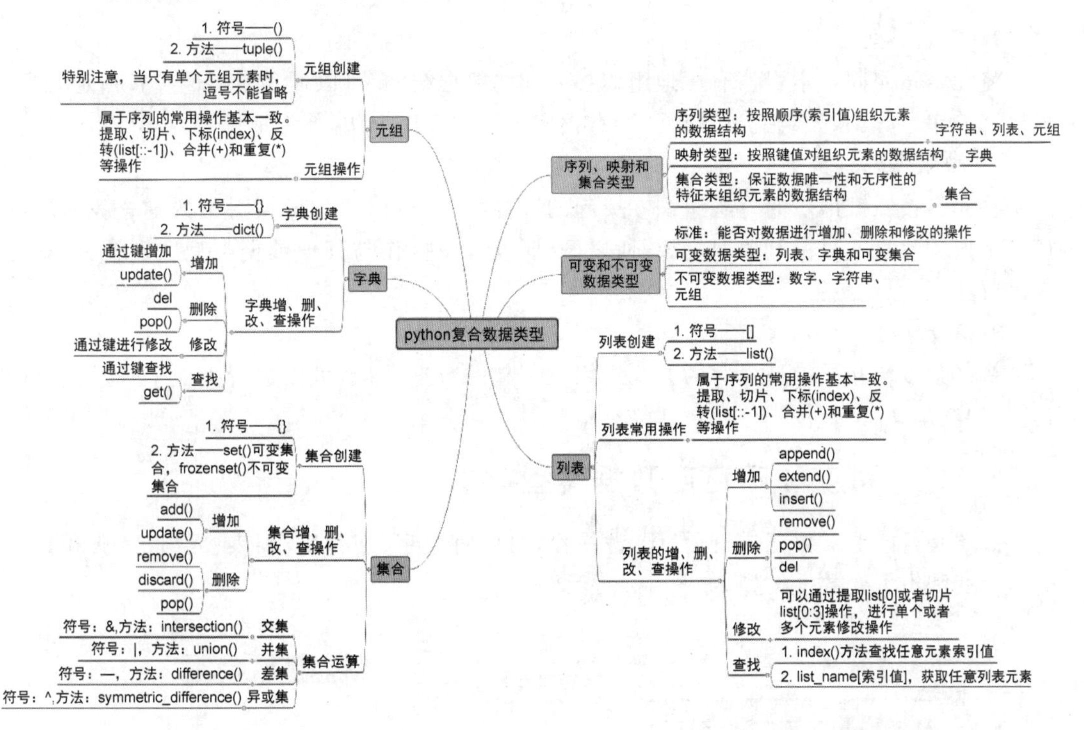

在数据量庞大且复杂的信息时代，数字或字符串这些基本数据类型还远远满足不了实际数据处理的需求，因此，Python 提供了复合数据类型。复合数据类型主要用于在不同的场景下，为复杂的数据提供不同的组织处理方式和存储方式。这样不仅减少了程序开发人员的工作量，而且还大大提高了程序的运行效率。本章将对列表、元组、字典和集合这四类复合数据类型进行详细介绍。

5.1 数据类型分类

5.1.1 序列、映射和集合类型

根据数据组织方式的不同，可以将 Python 中的字符串、列表、元组、字典和集合数据类型分为 3 类：序列类型、映射类型和集合类型，如图 5-1 所示。

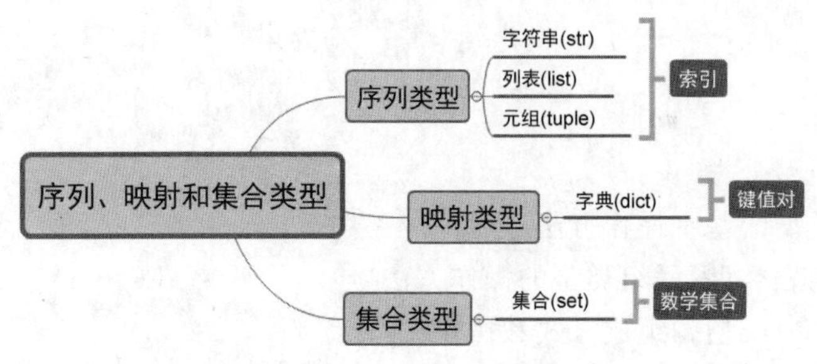

图 5-1 序列、映射和集合类型

1. 序列类型

将元素按照固定索引值有序地组织在一起的数据结构，可以通过索引值查找指定元素。所以字符串、列表和元组三种数据类型有很多类似的操作方法，如提取和切片操作等。

2. 映射类型

将元素按照键值对的方式组织在一起的数据结构，可以通过键值对中的键查找对应的值。字典的元素就是由键值对构成，所以增、删、改、查操作与其他数据类型区别较大，学习时需要注意，避免犯错。

3. 集合类型

将元素按照互异的且无序的方式组织在一起的数据结构，可以进行类似于数学集合的运算，如交集、并集等。

5.1.2 可变和不可变数据类型

按照是否能够对数据进行增、删、改操作，可以将数字、字符串、列表、元组、字典和集合分为可变和不可变数据类型，如图 5-2 所示。

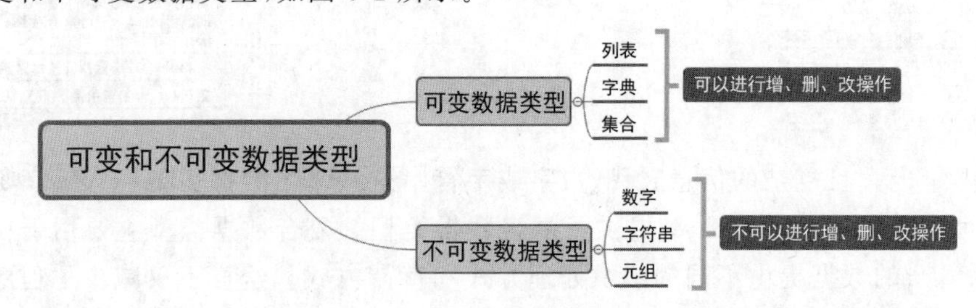

图 5-2 可变和不可变数据类型

可变数据类型：可以对值进行增加、删除和修改操作的数据类型。从存储角度来讲，当改变其值的时候，存储空间的地址不会发生改变。属于可变数据类型的有：列表、字典和集合。

不可变数据类型：不可以对值进行增加、删除和修改操作的数据类型。从存储角度来讲，当改变其值的时候，存储空间的地址会发生改变。属于不可变数据类型的有：数字、字符串和元组。

简单地理解可变和不可变数据类型，前者不仅有访问、查看的权限，还有可编辑的权限；而后者有只读的权限，不能修改。

5.2 列表

列表是 Python 中最为常用的一种可变数据类型，列表元素和长度都是可以变化的，开发环境中内置有相应的增加、删除和修改方法；列表中可以存储任何其他数据类型；而且列表属于序列类型，所以列表元素是有序的，每一个列表元素都有对应的索引值。

5.2.1 列表的创建

(1) 通过一对方括号([])可以创建列表，括号内部元素使用英文逗号进行分隔，示例如下：

```
list1 = []
list2 = [1, 2, 3, 4, 5]
list3 = [1, "python", 7, [3, 2, 8]]
```

list1 中没有列表元素，即空列表。从 list2 和 list3 中可以看出，列表除了可以存储同一种类型的数据，还可以同时存储多种不同类型的数据。

(2) 通过 list()函数也可以创建列表，通常是将元组或字符串转换为列表类型，代码如例 5-1 所示。

【例 5-1】 list()函数创建列表的代码示例。

```
str1 = "python"
list_str = list(str1)
print(list_str)

tuple1 = (2, 4, "python", [1, 2, 3])
list_tuple = list(tuple1)
print(list_tuple)
```

输出结果如下：

```
['p', 'y', 't', 'h', 'o', 'n']
[2, 4, 'python', [1, 2, 3]]
```

用 list()函数将字符串转换为列表时，字符串的每个字符会单独成为一个列表元素。将元组转换为列表时，从形式上看，相当于将元组的圆括号替换成了方括号，其他的不变；从内容上看，就是将所有的元组元素转换为列表元素，从不可变数据类型转为了可变数据类型。

5.2.2 列表的操作

1. 提取和切片操作

列表属于序列类型，所以可以进行单个列表元素的提取操作和多个列表元素的切片操作。

提取操作的语法规范跟字符串类型一样，通过正、负索引值都可以进行提取，而且索引值不能越界，代码如例 5-2 所示。

【例 5-2】 列表的提取操作的代码示例。

```
list_test = [1, "python", 7, [3, 2, 8]]
# 正索引提取元素
print(list_test[0])
print(list_test[1])
# 负索引提取元素
print(list_test[-1])
# 索引越界,会产生错误
print(list_test[10])
```

输出结果如下：

```
1
python
[3, 2, 8]
IndexError: list index out of range
```

切片操作的语法规范与字符串相同，分为切片起始位置（start）、切片终止位置（end）和步长（step），且用冒号分隔。这三个位置的数字都可以省略，省略起始位置，默认从第一个字符开始切片；省略终止位置，默认从起始位置开始切片，直到切完为止；省略步长，默认为 1。另外，越界时不会报错，起始越界默认返回空列表，终止位置越界默认切完为止，代码如例 5-3 所示。

【例 5-3】 列表的切片操作的代码示例。

```
list3 = [1, "python", 7, [3, 2, 8]]
print(list3[0:3:1])              # 完整的切片操作
print(list3[0:3])                # 一般步长可以省略,默认为 1
print(list3[:3])                 # 省略起始位置
print(list3[0:])                 # 省略终止位置
print(list3[:])                  # 全部省略
print(list3[9:])                 # 起始位置越界
print(list3[1:10])               # 终止位置越界
```

输出结果如下：

```
[1, 'python', 7]
[1, 'python', 7]
[1, 'python', 7]
[1, 'python', 7, [3, 2, 8]]
[1, 'python', 7, [3, 2, 8]]
[]
['python', 7, [3, 2, 8]]
```

2. 运算符操作

列表可以进行加法(+)的合并操作、乘法(*)的重复操作,还可以运用成员运算符(in或 not in)判断元素是否存在,代码如例 5-4 所示。

【例 5-4】 列表的基本运算符操作的代码示例。

```
print([1,2,3]+[4,5,6])    # 合并两个列表
print([1,2,3] * 3)        # 重复列表 n 次
print(4 in [1,2,3])       # in 的规则是元素在列表中则返回 True,不在则返回 False;not in 运算
                          # 符规则与之相反
print(3 in [1,2,3])
```

输出结果如下:

```
[1, 2, 3, 4, 5, 6]
[1, 2, 3, 1, 2, 3, 1, 2, 3]
False
True
```

3. 列表的增、删、改、查操作

列表有对应增加、删除、修改和查找的操作方法,接下来分别介绍每种操作方法。

(1) 增加操作。列表的增加操作方法有 append()、extend()和 insert()三种,代码如例 5-5 所示。

【例 5-5】 列表的增加操作代码示例。

```
>>> student = ["小赵", "小钱", "小孙"]
>>> new_stu = ['小李', "小周", "小吴"]

# 第一,可以使用 append()方法一次向末尾增加一个列表元素
>>> student.append('小郑')
>>> student
['小赵', '小钱', '小孙', '小郑']

# 第二,可以使用 extend()方法一次向末尾增加多个列表元素
>>> student.extend(new_stu)
>>> student
['小赵', '小钱', '小孙', '小郑', '小李', '小周', '小吴']

# 第三,可以使用 insert()方法向指定位置增加一个列表元素
>>> student.insert(1, '小王')
>>> student
['小赵', '小王', '小钱', '小孙', '小郑', '小李', '小周', '小吴']
```

(2) 删除操作。列表的删除操作方法有 del 关键字法、remove()方法和 pop()方法,代码如例 5-6 所示。

【例 5-6】 列表的删除操作的代码示例。

```
# 第一,可以使用 remove()方法,根据需要删除的元素的值来进行删除
>>> student=['小赵', '小王', '小钱', '小孙', '小郑', '小李', '小周', '小吴']
>>> student.remove('小王')              # 等效于 student.remove(student[1])
```

```
>>> student
['小赵', '小钱', '小孙', '小郑', '小李', '小周', '小吴']

第二,可以使用 pop()方法,根据需要删除的元素的索引值来进行删除
>>> student.pop(0)          # (默认值-1)有返回值
'小赵'
>>> student
['小钱', '小孙', '小郑', '小李', '小周', '小吴']

第三,可以使用 del 关键字,根据单个元素提取操作或多个元素的切片操作,删除单个或同时删除多
个列表元素
>>> del student[0]          # 可删除某一个
>>> student
['小李', '小周', '小吴']
>>> del student[0:2]        # 可删除多个
>>> student
['小吴']
```

(3) 修改操作。列表可以通过索引值来进行相应的修改操作,代码如例 5-7 所示。

【例 5-7】 列表的修改操作的代码示例。

```
>>> student = ["小赵", "小钱", "小孙"]
>>> student[0] = "小陈"                # 修改某一个
>>> student[1:3] = ['小冯', '小蒋']    # 修改多个
>>> student
['小陈', '小冯', '小蒋']
```

(4) 查找操作。列表可以通过 index()方法查找索引值,代码如例 5-8 所示。

【例 5-8】 列表的查找操作的代码示例。

```
>>> student = ["小赵", "小钱", "小孙"]
>>> student.index("小钱")
1
```

Python 中常用的列表操作函数和方法分别如表 5-1 和表 5-2 所示。

表 5-1　Python 中常用的列表操作函数

序　号	函数及描述
1	len(list) 返回列表元素个数
2	max(list) 返回列表元素最大值
3	min(list) 返回列表元素最小值
4	sorted(list) 返回排序后的列表,默认为升序

表 5-2 Python 中常用的列表操作方法

序 号	方 法
1	list.append(obj) 在列表末尾添加新的元素
2	list.count(obj) 统计某个元素在列表中出现的次数
3	list.extend(seq) 在列表末尾一次性追加另一个序列中的多个值(用新列表扩展原来的列表)
4	list.index(obj) 从列表中找出某个值第一个匹配项的索引位置
5	list.insert(index,obj) 将对象插入列表
6	list.pop([index=-1]) 移除列表中的一个元素(默认最后一个元素),并且返回该元素的值
7	list.remove(obj) 移除列表中某个值的第一个匹配项
8	list.reverse() 反向列表中的元素
9	list.sort(key=None,reverse=False) 对原列表进行排序,默认为升序
10	list.clear() 清空列表
11	list.copy() 复制列表

5.2.3 列表的综合应用案例

视频讲解

1. 列表和 for 循环结合应用案例——杨辉三角形

杨辉三角形是二项式系数在三角形中的一种几何排列,在中国南宋数学家杨辉 1261 年所著的《详解九章算法》一书中出现。在欧洲,帕斯卡(1623—1662 年)于 1654 年发现这一规律,所以杨辉三角形又被称为帕斯卡三角形。帕斯卡的发现比杨辉要迟 393 年,比贾宪迟 600 年。杨辉三角形是中国数学史上的一个伟大成就。杨辉三角形的特征如下。

(1) 从第 3 行起,除首尾数字外,每个数等于它上方两数之和。

(2) 每行数字左右对称,且从 1 增加至最大值再减少到 1。

(3) 第 n 行的数字有 n 项。

将 n 取 8,算法思路如下所示。

(1) 嵌套循环外层控制行数 i,内层控制列数 j。

(2) 第 1 列(j==0)和对角线(i==j)全为 1。

(3) 剩下的数 a[i][j]=a[i-1][j-1]+a[i-1][j]。

(4) 每列输出换行即可。输出效果如图 5-3 所示,代码如例 5-9 所示。

【例 5-9】 列表实现杨辉三角形的代码示例。

```
Run: stu
[1]
[1, 1]
[1, 2, 1]
[1, 3, 3, 1]
[1, 4, 6, 4, 1]
[1, 5, 10, 10, 5, 1]
[1, 6, 15, 20, 15, 6, 1]
[1, 7, 21, 35, 35, 21, 7, 1]
[1, 8, 28, 56, 70, 56, 28, 8, 1]
[1, 9, 36, 84, 126, 126, 84, 36, 9, 1]

Process finished with exit code 0
```

图 5-3　杨辉三角形

```
yh = []
for i in range(8):
    yh.append([])
    for j in range(i+1):
        if j == 0 or j == i:
            yh[i].append(1)
        else:
            yh[i].append(yh[i-1][j-1] + yh[i-1][j])
    print(yh[i])
```

2. 嵌套列表应用案例——篮球运动员数据处理

篮球运动员(以下简称“球员”)信息如表 5-3 所示,代码如例 5-10 所示。

表 5-3　球员信息表　　单位：分

球　　员	场均得分	场均篮板	场均助攻
球员 1	25.00	7.70	7.80
球员 2	21.80	7.90	3.10
球员 3	26.40	5.12	6.08
球员 4	28.00	6.82	5.38
球员 5	30.40	5.40	8.75
球员 6	18.60	5.40	7.88

视频讲解

【例 5-10】 嵌套列表综合应用代码示例。

(1) 使用二维列表存储球员信息,代码示例如下。

```
nba_data = [
["球员", "场均得分", "场均篮板", "场均助攻"],
    ["球员 1", 25.00, 7.70, 7.80],
    ["球员 2", 21.80, 7.90, 3.10],
    ["球员 3", 26.40, 5.12, 6.08],
    ["球员 4", 28, 6.82, 5.38],
    ["球员 5", 30.4, 5.40, 8.75],
    ["球员 6", 18.60, 5.40, 7.88]
]
```

(2) 查找球员信息。查找 nba_data 中相关信息,并输出对应内容,如图 5-4 所示。实现嵌套列表查找操作的代码示例如下:

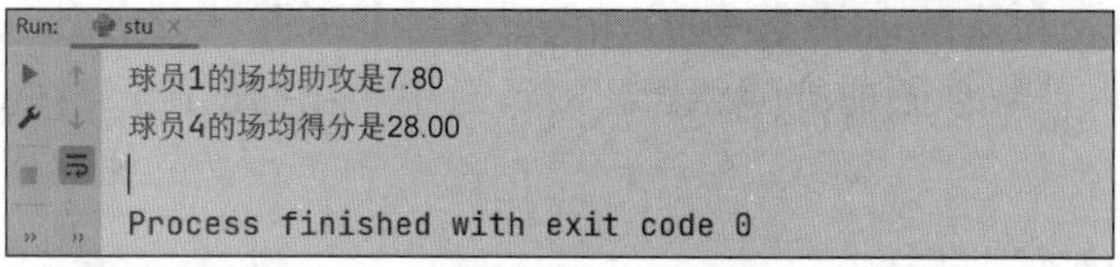

```
Run:  stu
球员1的场均助攻是7.80
球员4的场均得分是28.00

Process finished with exit code 0
```

图 5-4　查找球员信息

```
data1 = nba_data[1][3]                    # 球员 1 场均助攻
data2 = nba_data[4][1]                    # 球员 4 场均得分
print("{}的{}是{}".format(nba_data[1][0], nba_data[0][3], data1))
print("{}的{}是{}".format(nba_data[4][0], nba_data[0][1], data2))
```

(3) 增加球员信息。

① 按照相同数据结构追加到 nba_data 列表末尾。增加球员 7 信息(球员：球员 7,场均得分：28.8,场均篮板：8.2,场均助攻：7.5)。

② 按照相同数据结构在球员 5 和球员 6 中间插入球员 8 信息(球员：球员 8,场均得分：23.1,场均篮板：3.9,场均助攻：4.7)。

实现嵌套列表增加操作的代码示例如下：

```
player1 = ["球员 7", 28.80, 8.20, 7.50]
player2 = ["球员 8", 23.10, 3.90, 4.70]
nba_data.append(player1)                  # 追加到末尾用 append()方法
nba_data.insert(6, player2)               # 插入某个位置用 insert()方法
print(nba_data)
```

(4) 删除球员信息。

① 删除球员 2 的所有信息,代码示例如下：

```
# 以下三种删除方式任选其一
del nba_data[2]
nba_data.remove(nba_data[2])
nba_data.pop(2)
```

② 删除球员 5 的场均篮板数,代码示例如下：

```
# 以下三种删除方式任选其一,注意前面增删操作对索引值的影响
del nba_data[4][2]
nba_data[4].remove(nba_data[4][2])
nba_data[4].pop(2)
```

(5) 修改球员信息。将球员 6 改为球员 0,代码示例如下：

```
nba_data[6][0] = "球员 0"
```

5.3 元组

元组类型与列表类型有很多相似的特征,首先,元组内部的元组元素也可以是任意其他数据类型；其次,元组元素也是有序的,每个元素都有对应的索引值,可以进行查找访问。

不同的是，元组属于不可变数据类型，元组元素以及元组长度无法修改，无法进行增、删、改操作。所以在需要保证数据不能被随意修改的场景中，经常使用元组来达到禁止修改数据的目的。

5.3.1 元组的创建

(1) 通过一对圆括号(())可以创建元组，括号内部元素使用英文逗号进行分隔。其中，非空元组可以省略括号，示例如下：

```
Tuple1 = ()                              # 创建一个空元组
Tuple2 = 1,                              # 由逗号结尾表示元组
Tuple3 = (1, )                           # 单个元素的元组
Tuple4 = (1, 2, [3, 4],"Python")         # 包含多个元素的元组
```

(2) 通过 tuple()函数也可以创建元组，通常是将列表或字符串转换为元组类型，代码如例 5-11 所示。

【例 5-11】 tuple()函数创建元组的代码示例。

```
List = [1, 2, [3, 4], "python"]
print(tuple(List))
Str = "Python"
print(tuple(Str))
```

输出结果如下：

```
(1, 2, [3, 4], 'python')
('P', 'y', 't', 'h', 'o', 'n')
```

5.3.2 元组的操作

1. 提取和切片操作

元组也属于序列类型，所以也可以进行单个元组元素的提取操作和多个元组元素的切片操作，代码如例 5-12 所示。

【例 5-12】 元素的提取和切片操作的代码示例。

```
Tuple = (1, 2, [3, 4], "python")
print(Tuple[0])              # 正索引提取第一个元素
print(Tuple[0:3])            # 切片第一个到第三个元素
print(Tuple[-1])             # 负索引提取最后一个元素
```

输出结果如下：

```
1
(1, 2, [3, 4])
'python'
```

2. 运算符操作

元组可以进行加法(+)的合并操作、乘法(*)的重复操作，还可以运用成员运算符(in

或 not in)判断元素是否存在,代码如例 5-13 所示。

【例 5-13】 元组的基本运算符操作的代码示例。

```
print((1, "python", [3, 4])+('1', '3'))
print((1,2,3) * 2)
print("python" in (1, "python", [3, 4])+('1', '3'))
```

输出结果如下:

```
(1, 'python', [3, 4], '1', '3')
(1, 2, 3, 1, 2, 3)
True
```

Python 中包含的元组操作函数如表 5-4 所示。

表 5-4　Python 中包含的元组操作函数

序　号	函数及描述	序　号	函数及描述
1	len(tuple) 返回元组元素个数	3	min(tuple) 返回元组元素最小值
2	max(tuple) 返回元组元素最大值	4	sorted(tuple) 返回排序后的列表,默认为升序

5.3.3　元组的综合应用案例

元组和循环结构的综合应用案例——简易菜单查询系统。

根据用户输入的数字,返回相应的菜单信息,如表 5-5 所示。简易菜单查询系统设计思路如下。

表 5-5　菜单信息

汉　堡　类	小　食　类	饮　料　类
香辣鸡腿堡 15.00 元	薯条 7.00 元	可口可乐 7.00 元
劲脆鸡腿堡 15.00 元	黄金鸡块 9.00 元	九珍果汁 15.00 元
新奥尔良烤鸡腿堡 16.00 元	香甜粟米棒 15.00 元	经典咖啡 15.00 元
半鸡半虾堡 20.00 元	鸡肉卷 10.00 元	雪碧 7.00 元

(1) 将菜单信息存储成元组。

(2) 通过字符串提示用户输入操作数字。

① 查询汉堡类菜单请输入 1。

② 查询小食类菜单请输入 2。

③ 查询饮料类菜单请输入 3。

④ 若不进行任何查询操作,则请输入 0。

(3) 当用户输入相应的数字时,程序要输出相应的详细食物菜单。只有当输入 0 后,才能退出系统。

视频讲解

代码如例 5-14 所示。

【例 5-14】 元组和循环结构的综合应用实例代码示例。

```
print("""
 ******************************************
              欢迎进入菜单查询系统

         查询汉堡类菜单请输入:1
         查询小食类菜单请输入:2
         查询饮料类菜单请输入:3
         若不进行任何查询操作,则请输入:0
 ******************************************
""")
menu = ("【您已退出,感谢您的使用!】",
         "【香辣鸡腿堡 15.00 元 劲脆鸡腿堡 15.00 元  新奥尔良烤鸡腿堡 16.00 元 半鸡半虾堡
20.00 元】",
         "【薯条 7.00 元 黄金鸡块 9.00 元 香甜粟米棒 15.00 元 鸡肉卷 10.00 元】",
         "【可口可乐 7.00 元 九珍果汁 15.00 元  经典咖啡 15.00 元 雪碧 7.00 元】")
while True:
    number = int(input("请选择需要进行操作的对应数字:"))
    if number == 0:
        print(menu[number])
        break
print("您选择的菜单详情:\n" + menu[number])
```

输出结果如下：

```
******************************************
             欢迎进入菜单查询系统

         查询汉堡类菜单请输入:1
         查询小食类菜单请输入:2
         查询饮料类菜单请输入:3
         若不进行任何查询操作,则请输入:0
******************************************

请选择需要进行操作的对应数字:1
您选择的菜单详情:
【香辣鸡腿堡 15.00 元 劲脆鸡腿堡 15.00 元  新奥尔良烤鸡腿堡 16.00 元 半鸡半虾堡 20.00 元】
请选择需要进行操作的对应数字:3
您选择的菜单详情:
【可口可乐 7.00 元  九珍果汁 15.00 元  经典咖啡 15.00 元  雪碧 7.00 元】
请选择需要进行操作的对应数字:0
【您已退出,感谢您的使用!】
```

首先，输出简易欢迎界面，提示用户可进行的操作；然后，将菜单信息依次以字符串类型存储成元组元素，元组元素的索引值分别是 0、1、2、3，刚好与菜单的查询系统输入的操作数一致。

最后，将 while 循环的条件设置为 True，即条件永远成立，所以循环体加入了分支结构，当输入 0 时，触发 break，跳出循环，退出系统，否则输出 menu[number]，例如，输入 1 时输出的数据是 menu[1]，对应的就是汉堡类菜单的详情。

5.4 字典

本节主要介绍字典类型。字典属于可变数据类型，所以可以进行增、删、改、查的操作。另外，字典不同于列表或元组等数据类型，它的元素是以键值对(key:value)的形式存在的。就好比用《新华字典》查汉字一样，通过拼音或者偏旁部首查找对应汉字，Python 中的字典元素则是通过每一个键值对中的键来查找对应的值。字典键值对具有独特的数据形式，特点如下。

(1) 键必须是唯一的，但值是可以重复的。

(2) 键的类型只能是不可变数据类型(字符串、数字和元组)，值可以是任何其他数据类型。

(3) 字典键值对是无序的，需要用键来查找值。

5.4.1 字典的创建

(1) 通过一对花括号{}可以创建字典，括号内部元素由键值对组成，键值对之间用逗号隔开，键值对内部用冒号分割成键和值，示例如下：

```
dict1 = {}
dict2 = {'A': 65, 'B': 66, 'C': 67}
dict3 = {'001':["小李",100], {'002':["小梁",98], {'003':["小江",98]}
```

(2) 通过 dict()函数也可以创建字典，通常是将列表或元组转换为字典类型。需要注意的是，列表和元组内部的每个元素需要成对出现。也可以直接通过赋值表达式形式进行字典的创建，示例如下：

```
dict4 = dict((('a', 97), ('b', 98)))           # 将元组转换成字典
dict5 = dict([("小赵", 18), ["小钱", 19]])      # 将列表转换成字典
dict6 = dict(a=97, b=98, c=99)                 # 赋值表达式的形式创建字典
```

5.4.2 字典的操作

(1) 查找操作。查找、访问字典中的值通常需要通过键来实现，也可以通过 get()方法进行查询，代码如例 5-15 所示。

【例 5-15】 字典的查找操作的代码示例。

```
employee_infos = {"001": ["王一", 10000],
                  "002": ["李二", 5200],
                  "003": ["张三", 4700],
                  "004": ["赵四", 3860],
                  "005": ["伍佰", 1200],
                  "006": ["六子", 8500]}
print(employee_infos["001"])
dict_get1 = employee_infos.get("007", "此键不存在")
dict_get2 = employee_infos.get("006", "此键不存在")
print(dict_get1)
print(dict_get2)
```

输出结果如下：

```
['王一', 10000]
此键不存在
['六子', 8500]
```

（2）增加操作。第一，可以直接通过赋值的方法，第二，可以通过 update()方法，代码如例 5-16 所示。

【例 5-16】 字典的增加操作的代码示例。

```
employee_infos["007"] = ["小红",6000]
employee_infos.update({"008":["小李", 7000], "009":["小丽", 6800]})
print(employee_infos)
```

输出结果如下：

```
{'001': ['王一', 10000], '002': ['李二', 5200], '003': ['张三', 4700],
 '004': ['赵四', 3860], '005': ['伍佰', 1200], '006': ['六子', 8500],
 '007': ['小红', 6000], '008': ['小李', 7000], '009': ['小丽', 6800]}
```

（3）删除操作。第一，可以通过关键字 del 来进行删除操作，第二，可以通过 pop()方法进行删除操作，代码如例 5-17 所示。

【例 5-17】 字典的删除操作的代码示例。

```
del employee_infos["006"]
employee_infos.pop("007")
print(employee_infos)
```

输出结果如下：

```
{'001': ['王一', 10000], '002': ['李二', 5200], '003': ['张三', 4700],
'004': ['赵四', 3860], '005': ['伍佰', 1200], '008': ['小李', 7000], '009': ['小丽', 6800]}
```

（4）修改操作。直接通过赋值的方式修改，代码如例 5-18 所示。

【例 5-18】 字典的修改操作的代码示例。

```
employee_infos["001"] = ["王一一",11000]
print(employee_infos["001"])
employee_infos["001"][1] = 12000
print(employee_infos["001"])
```

输出结果如下：

```
['王一一', 11000]
['王一一', 12000]
```

Python 中包含的字典操作方法，如表 5-6 所示。

表 5-6　Python 中包含的字典操作方法

序　号	方法及描述
1	dict.clear() 删除字典内所有元素
2	dict.copy() 返回一个字典的浅复制
3	dict.get(key,default=None) 返回指定键的值,如果键不在字典中返回 default 设置的默认值
4	dict.items() 返回包含字典所有键值元组对的可迭代对象,可以使用 list() 来转换为列表
5	dict.keys() 返回包含字典所有的键的可迭代对象,可以使用 list() 来转换为列表
6	dict.values() 返回包含字典所有的值的可迭代对象,可以使用 list() 来转换为列表
7	dict.update(dict2) 把字典 dict2 的键值对更新到 dict 里
8	dict.pop(key[,default]) 删除字典给定键 key 所对应的值,返回值为被删除的值。key 值必须给出,否则返回 default 值

5.4.3　字典的应用

字典的综合应用案例——学生信息表。

学生信息如表 5-7 所示。

表 5-7　学生信息

学生姓名	年龄/岁	Python/分	大数据/分
赵哈哈	18	100	99
钱呵呵	18	93	89
孙嘿嘿	19	89	92
李嘻嘻	17	100	100
周哇哇	38	0	0

代码如例 5-19 所示。

【例 5-19】 字典的综合应用。

视频讲解

(1) 使用嵌套字典存储学生信息,代码示例如下。

```
dict_1 = {
    "200601": {"name": "赵哈哈", "age": 18, "score": [100, 99]},
    "200602": {"name": "钱呵呵", "age": 18, "score": [93, 89]},
    "200603": {"name": "孙嘿嘿", "age": 19, "score": [89, 92]},
    "123456": {"name": "周哇哇", "age": 38, "score": [0, 0]}
}
```

(2) 查找学生信息。

① 查找赵哈哈的年龄,代码示例如下。

```
stu1_age = dict_1["200601"]["age"]
print("赵哈哈的年龄是{}岁".format(stu1_age))
```

② 查找赵哈哈的 Python 成绩，代码示例如下。

```
stu1_python = dict_1["200601"]["score"][1]
print("赵哈哈的 python 成绩是{}分".format(stu1_python))
```

③ 增加学生信息。学生姓名：李嘻嘻，年龄：17，Python 成绩：100，大数据成绩：100。代码示例如下。

```
dict_1["200604"] = {"name": "李嘻嘻", "age": 17, "score": [100, 100]}
print(dict_1)                  # 使用 update()方法也可以
```

（3）删除学生信息。

① 删除周哇哇的所有信息，代码示例如下。

```
# 两种删除方式任选其一皆可
del dict_1["123456"]                    # del 关键字删除
dict_1.pop("123456")                    # pop()方法删除传入键即可
```

② 删除赵哈哈的所有分数，代码示例如下。

```
dict_1["200601"].pop("score")
```

③ 删除钱呵呵的 Python 成绩，代码示例如下。

```
# 注意需要删除的数据的数据类型，此处为列表所以列表的删除方法都可以使用，示例如下：
dict_1["200602"]["score"].pop(0)
del dict_1["200602"]["score"][0]
```

（4）修改学生信息。

① 将赵哈哈年龄改成 20，代码示例如下。

```
dict_1["200601"]["age"] = 20
```

② 将李嘻嘻的大数据成绩减少 2 分，代码示例如下。

```
dict_1["200604"]["score"][1] -= 2
```

5.5 集合

Python 中的集合类型跟高中数学中的集合有很多相似的特征，在学习集合类型时可以进行对比学习。集合类型可以细分为可变集合(set)和不可变集合(frozenset)，一般没有特别强调时，介绍的都是可变集合，所以也会有对应的增、删、改、查操作。而集合的特征如下：

（1）集合中的元素是无序的。

（2）集合中的元素是唯一的、不重复的。可以利用集合的这一特性进行去重操作。

(3) 集合的元素必须是不可变数据类型,即数字、字符串和元组组成。

5.5.1 集合的创建

(1) 通过一对花括号{}可以创建集合,集合元素用逗号进行分割。但是需要特别注意,空集合不能用{}来创建,因为{}创建出来的是空字典。示例如下:

```
set1 = {100, 'word', 10.5, True}
```

(2) 通过 set()函数也可以创建集合,空集合就需要用 set()函数来进行创建。示例如下:

```
set_one = set('tuple')
set_two = set((13, 15, 17, 19))
frozenset()用于创建不可变集合
```

5.5.2 集合的操作

(1) 增加操作。第一,可以使用 add()方法增加一个集合元素;第二,可以使用 update()方法增加多个集合元素,代码如例 5-20 所示。

【例 5-20】 集合的增加操作代码示例。

```
food = {"鱼香肉丝","米饭","鱼香肉丝","水煮牛肉","米饭","葱爆羊肉","蛋炒饭"}
new_food = {"番茄炒蛋","小鸡炖蘑菇"}
food.add("土豆丝")
food.update(new_food)
print("a 店当日销售的菜品种类:")
print(food)
```

输出结果如下:

```
a 店当日销售的菜品种类:
{'水煮牛肉', '土豆丝', '葱爆羊肉', '蛋炒饭', '小鸡炖蘑菇', '鱼香肉丝', '米饭', '番茄炒蛋'}
```

(2) 删除操作。第一,可以使用 remove()方法删除指定元素;第二,可以使用 discard()方法删除指定元素;第三,可以使用 pop()方法随机删除某个元素,代码如例 5-21 所示。

【例 5-21】 集合的删除操作代码示例。

```
food.remove("米饭")                # 删除不存在集合元素,会报错
food.discard("米饭")               # 删除不存在集合元素,不会报错
food.pop()                         # 随机删除
print(food)
food.clear()                       #清空
print(foid)
```

输出结果如下:

```
{'水煮牛肉', '蛋炒饭', '葱爆羊肉', '鱼香肉丝', '土豆丝', '小鸡炖蘑菇'}
set()          # 空集合
```

5.5.3 集合的运算

高中数学中的集合有交集、并集等集合的运算，而Python中的集合类型也有相应的运算。接下来一一介绍。

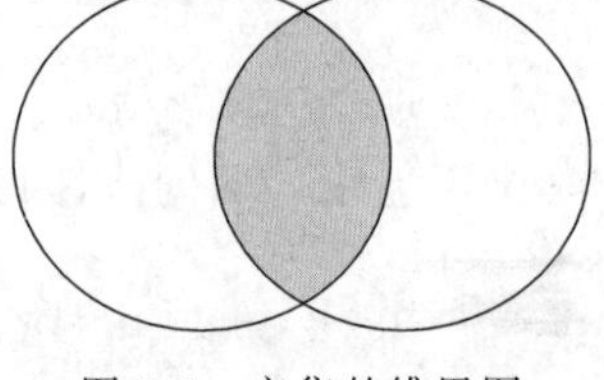

图 5-5 交集的维恩图

(1) 交集运算，符号是 &，对应方法是 intersection()。交集的维恩图如图 5-5 所示。

两个集合的交集运算，得到的结果是两个集合共有的集合元素组成的集合，代码如例 5-22 所示。

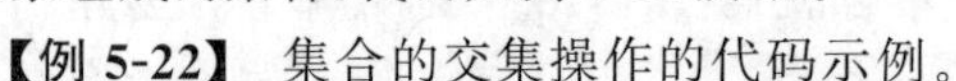

【例 5-22】 集合的交集操作的代码示例。

```
set1={'太阳','地球', '金星','火星', '土星'}
set2={'木星','地球','火星','水星'}
print(set1 & set2)                    # 使用符号"&"获取交集
print(set1.intersection(set2))        # 使用集合方法 intersection()方法获取交集
```

输出结果如下：

```
{'火星', '地球'}
{'火星', '地球'}
```

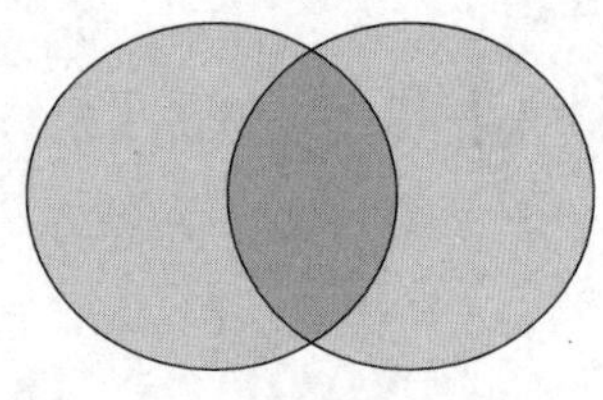

图 5-6 并集的维恩图

(2) 并集运算，符号是|，对应方法是 union()。并集的维恩图如图 5-6 所示。

两个集合的并集运算，得到的结果是两个集合所有的集合元素组成的集合，因为集合元素的唯一性，所以相同的元素会自动去重，代码如例 5-23 所示。

【例 5-23】 集合的并集操作的代码示例。

```
set1={'太阳','地球', '金星','火星', '土星'}
set2={'木星','地球','火星','水星'}
print(set1|set2)                # 使用符号|获取并集
print(set1.union(set2))         # 使用集合方法 union()获取并集
```

输出结果如下：

```
{'金星', '地球', '土星', '木星', '火星', '太阳', '水星'}
{'金星', '地球', '土星', '木星', '火星', '太阳', '水星'}
```

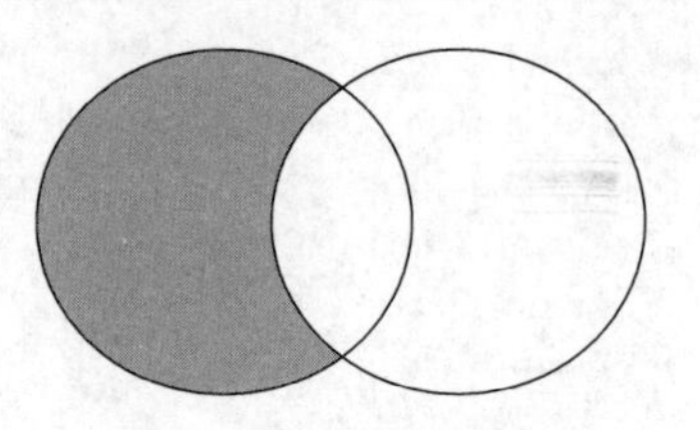

图 5-7 差集的维恩图

(3) 差集运算，符号是－，对应方法是 difference()。差集的维恩图如图 5-7 所示。

两个集合的差集运算。例如，set1－set2 得到的结果是 set1 相对于 set2 独有的集合元素组成的集合，代码如例 5-24 所示。

【例 5-24】 集合的差集操作的代码示例。

```
set1={'太阳','地球', '金星','火星', '土星'}
set2={'木星','地球','火星','水星'}
```

```
print(set1-set2)                      # 使用-来获取差集
print(set2.difference(set1))          # 使用集合方法 difference()获取差集
```

输出结果如下：

```
{'金星', '太阳', '土星'}                    # set1 对 set2 的差集
{'木星', '水星'}                            # set2 对 set1 的差集
```

(4) 异或集运算，符号是^，对应方法是 symmetric_difference()。异或集的维恩图如图 5-8 所示。

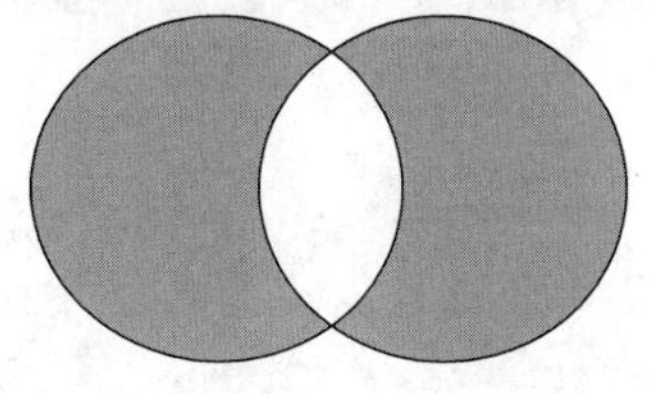

图 5-8　异或集的维恩图

两个集合的异或集（又被称为对称补集）运算，得到的结果是 set1 和 set2 各自独有的集合元素共同组成的集合，代码如例 5-25 所示。

【例 5-25】　集合的异或集操作的代码示例。

```
set1={'太阳','地球', '金星','火星', '土星'}
set2={'木星','地球','火星','水星'}
print(set1^set2)                              # 获取异或集
print(set1.symmetric_difference(set2))        # 使用集合方法 symmetric_difference()获取异或集
```

输出结果如下：

```
{'太阳', '土星', '木星', '金星', '水星'}
{'太阳', '土星', '木星', '金星', '水星'}
```

另外，高中数学中有子集、真子集的概念，而 Python 中也有相应的运算符和方法来进行判断。

(1) 运用比较运算符＜和＜＝来判断真子集和子集，比如有集合 A、B，若 A＜B，则是判断 A 集合中所有元素是否都包含在 B 集合中，不包括 A、B 集合相等情况；若 A＜＝B，则是判断 A 集合中所有元素是否都包含在 B 集合中，包括 A、B 集合相等情况，代码如例 5-26 所示。

【例 5-26】　集合的子集和真子集操作的代码示例。

```
set1 = {"武汉", "长沙", "郑州", "南昌", "北京"}
set2 = {"武汉", "长沙", "南昌", "北京"}
print(set1.issubset(set2))                # 子集对应方法
print(set1 <= set2)                       # 子集对应运算符
print(set1 < set2)                        # 真子集
```

输出结果如下：

```
False
False
False
```

(2) 运用比较运算符＞和＞＝来判断真超集和超集，比如有集合 A、B，若 A＞B，则是判断 A 集合是否包含所有 B 集合的元素，不包括 A、B 集合相等情况；若 A＞＝B，则是判断 A

集合是否包含所有B集合的元素，包括A、B集合相等情况，代码如例5-27所示。

【例5-27】 集合的超集和真超集操作的代码示例。

```
set1 = {"武汉", "长沙", "郑州", "南昌", "北京"}
set2 = {"武汉", "长沙", "南昌", "北京"}
print(set1.issuperset(set2))            # 超集对应方法
print(set1 >= set2)                     # 超集对应运算符
print(set1 > set2)                      # 真超集
```

输出结果如下：

```
True
True
True
```

Python中集合的相关操作方法，如表5-8所示。

表5-8 集合的操作方法

方法	描述
Set.add()	给集合添加一个元素
Set.update()	给集合添加多个元素
Set.discard()	删除集合中指定的元素
Set.pop()	随机删除元素
Set.remove()	删除指定元素
Set.clear()	删除集合中的所有元素
Set1.union(Set2)	返回集合Set1和Set2的并集
Set1.intersection(Set2)	返回集合Set1和Set2的交集
Set1.difference(Set2)	返回集合Set1和Set2的差集
Set1.symmetric_difference(Set2)	返回两个集合中不重复的元素集合，即异或集
Set1.isdisjoint(Set2)	判断两个集合是否包含相同的元素，如果没有返回True，否则返回False
Set.copy()	复制一个集合
Set1.issubset(Set2)	判断指定集合是否为该方法参数集合的子集
Set1.issuperset(Set2)	判断该方法的参数集合是否为指定集合的超集

5.5.4 集合的应用

下面介绍集合的综合应用案例——最大公约数和最小公倍数。

最大公约数，也称为最大公因数、最大公因子，指两个或多个整数共有约数中最大的一个约数。

两个或多个整数公有的倍数叫作它们的公倍数，其中除0以外最小的一个公倍数就叫作这几个整数的最小公倍数。

求最大公约数有多种方法，常见的有质因数分解法、短除法、辗转相除法、更相减损法。数学定理已经证明两个数的最大公约数与最小公倍数的乘积等于这两个数的乘积。本案例中则不适合采用常规的算法来求解最大公约数和最小公倍数，而是运用集合的相关操作实现。

这里给定的两个数为 24 和 36，获取两个给定数的最大公约数和最小公倍数，并分别提取出它们各自独有的约数和倍数集合。实现如下功能。

（1）创建 24 和 36 的约数和倍数集合。

（2）24 的约数集合{1,2,3,4,6,8,12,24}，36 的约数集合{1,2,3,4,6,9,12,18,36}。

（3）各自的倍数集合分别只取到 5 倍，如 24 的倍数集合{24,48,72,96,120}。

（4）运用 Python 中的交集运算求出 24 和 36 的最大公约数与最小公倍数集合。

（5）运用 max()和 min()函数分别获取各集合中的最大值和最小值，即最大公约数和最小公倍数。

（6）运用差集运算分别获取并输出 24 和 36 各自独有的约数集合。

代码如例 5-28 所示。

【例 5-28】 集合的差集操作的代码示例。

```
yue_set1 = {1, 2, 3, 4, 6, 8, 12, 24}
yue_set2 = {1, 2, 3, 4, 6, 9, 12, 18, 36}
bei_set1 = {24, 48, 72, 96, 120}
bei_set2 = {36, 72, 108, 144, 180}

yue_intersection = yue_set1 & yue_set2          # 交集得到公约数
bei_intersection = bei_set1 & bei_set2          # 交集得到公倍数
Max = max(yue_intersection)                     # 最大公约数
Min = min(bei_intersection)                     # 最小公倍数

yue1_difference = yue_set1 - yue_set2
yue2_difference = yue_set2 -yue_set1
print(Max, Min, yue1_difference, yue2_difference)
```

输出结果如下：

```
12 72 {8, 24} {9, 18, 36}
```

本章小结

本章先介绍了数据类型的两种分类，其中列表和元组属于序列类型，字典属于映射类型，集合属于集合类型。然后介绍可变数据类型和不可变数据类型的定义。最后分别介绍复合数据类型（列表、元组、字典和集合类型）的操作方法、相应的运算和应用。

函数与模块

学习目标

- 理解函数概念,掌握函数的定义和调用方法。
- 掌握函数不同类型的参数用法和函数返回值。
- 掌握局部变量和全局变量的区别与用法。
- 掌握匿名函数以及递归函数的用法。
- 掌握模块的使用方法。

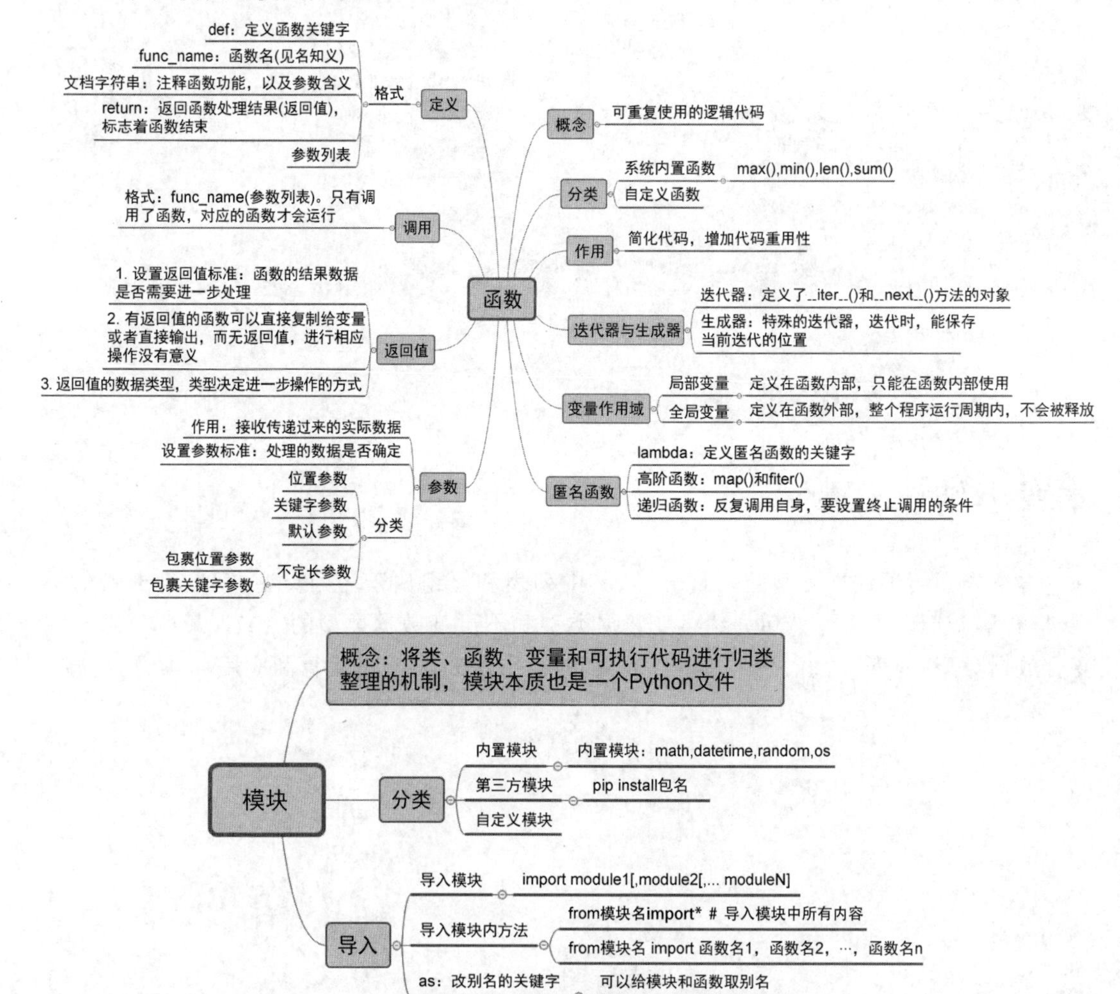

在实际开发过程中,会发现很多特定的功能会被反复应用,最开始需要程序员重复地写相同的代码,这样不仅让程序出现大量冗余,而且降低了开发效率。所以引入了函数的机制来解决此类问题。另外,Python 的模块中包含函数、变量和类等内容,能实现更丰富的功能。本章主要讲述 Python 中函数和模块的相关内容。

6.1　函数概述

函数是已组织好的、可以重复使用的,用来实现单一或相关联功能的代码块。在开发过程中,如果碰到某段代码逻辑会被频繁使用,可以考虑将这些代码抽象成为一个函数,这样既能提高代码的重用性,又使整体代码结构变得更加清晰,可读性更强。

在之前的学习中,已经接触过不少函数,如最常用的输入函数 input()和输出函数 print(),还有求长度的 len()函数、求最大值的 max()函数等。这一类函数可以将之归类为系统的内置函数,可以直接使用;而另一类函数是自定义函数,是由编程人员根据实际需求,定义的具有特定功能的一段逻辑代码。本章的重点是介绍函数的定义和调用、函数的参数以及返回值的用法。

6.2　函数基础语法

函数需要先被定义,然后再通过函数的调用语句,才能够正常运行,接下来介绍定义函数以及函数调用的语法规则和注意事项。

6.2.1　函数的定义

Python 中需要用关键字 def 来定义函数,基本的格式如下:

```
def 函数名([参数列表]):
    ['''文档字符串''']
    函数体
    [return 语句]
```

基于上述格式,对于函数定义的语法介绍如下。

(1) 关键字 def:用来定义函数的关键字,标识函数定义的开始。

(2) 函数名:命名必须遵循标识符的命名规范。另外,命名要做到见名知义,并且跟其他变量名、函数名等不能同名。

(3) 参数列表:定义函数时,函数名后面必须跟一对圆括号(),而括号里面可以有 0 个、1 个或多个参数,参数之间用逗号隔开。根据参数的有、无,函数可分为有参函数和无参函数。

(4) 冒号":":定义函数时不能省略,代表函数体的开始。

(5) 文档字符串:用于说明函数实现的功能、参数的功能,可以写,也可以省略。

(6) 函数体:实现函数功能的代码段,需要缩进。

(7) return 语句:代表函数结束,作用是将函数的处理结果返回给调用方。根据 return 语句的有、无,可以将函数分为有返回值函数和无返回值函数。

定义函数时，函数名后的圆括号内部参数是形式参数，简称为形参，作用是接收调用函数时传递过来的实际数据。

需要注意的是，形参变量只有在该函数被调用时才会被分配内存空间，当调用结束，也就是函数运行结束之后，此内存空间就会立刻被释放掉，因此，形参只在函数体内部有效，形参也是局部变量，后续章节会详细阐述局部变量的概念。

接下来定义一个简单的求和函数，示例如下：

```
def get_sum(x, y):
    result = x + y
    return result
```

以上定义的是一个简单的求和函数 get_sum()，接收两个数据分别存放到形参 x 和形参 y 中，求和之后利用 return 将和返回到调用处。

6.2.2 函数的调用

函数定义完成后不会直接运行，只有在被调用后才会运行。而调用函数的格式很简单，基本格式如下：

```
函数名(参数 1, 参数 2, …)
```

上述调用过程中的参数，存放的是实际需要处理的数据，所以这些参数叫实际参数，简称实参。实参的形式可以是常量、变量、表达式或是有返回值的函数调用语句等。

若要调用 6.2.1 节的 get_sum()求和函数，代码如下：

```
get_sum(23, 76)
```

其中 23 和 76 就是实参，将被分别传递给形参 x 和 y。整个运行过程分为如下步骤：

（1）程序运行到函数调用处，先暂停。

（2）将实参传递给形参。

（3）执行函数体的语句后，函数结束。

（4）程序返回到调用处，若有返回值会将返回值一并返回调用处，并继续执行后面语句，代码如例 6-1 所示。

【例 6-1】 函数的定义和调用的代码示例。

```
def get_sum(x, y):
    result = x + y
    return result
res = get_sum(23, 76)
print("求和结果是:{}".format(res))
```

输出结果如下：

```
求和结果是:99
```

上述程序运行过程：Python 解释器读取前 3 行之后，先将函数名和函数体存储在内存空间中，但不会执行；然后继续往后到第 4 行代码 res = get_sum(23,76)，等号右侧进行了函数调用，所以先在此处暂停，将两个实参 23 和 76 传递给形参 x 和 y，然后函数体求和之后，结束函数运行，并将结果返回给调用处，然后继续运行，将返回值 99 赋值给 res，最终运行 print()函数，输出结果。整个运行过程，如图 6-1 所示。

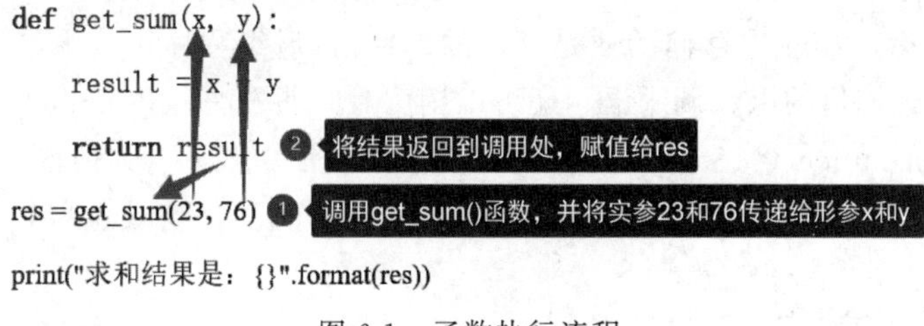

图 6-1　函数执行流程

6.3　函数返回值

在很多函数的开发过程中，函数的处理结果需要返回到调用处，然后程序再进一步地处理。而这个处理的结果就是函数返回值。

函数中使用关键字 return 来进行值的返回，return 语句对于函数不是必需的，所以根据有无 return 语句，也就是有、无返回值，将函数可分为有返函数和无返函数。若函数体内部执行了 return 语句后，意味着函数结束，return 后面的语句不会再执行，代码如例 6-2 和例 6-3 所示。

【例 6-2】　无返回值函数的定义与使用的代码示例。

```
# 没有返回值的函数的定义与使用
def sample_no():
        print('hello python')
sample_no()                    #调用没有返回值函数
```

输出结果如下：

```
hello python
```

一般没有返回值的函数调用语句“sample_no()”，仅仅起到运行函数体的作用，其他的操作一般没有意义。例如，result = sample_no()，将没有返回值的函数调用语句赋给某个变量，因为没有任何函数结果被返回，所以没有任何值赋给 result，所以 Python 遇到这种情况会给 result 赋值 None，None 是代表空的关键字。

【例 6-3】　有返回值函数的定义与使用的代码示例。

```
# 有返回值的函数的定义与使用
def sample_yes():
    return 'hello python'
string = sample_yes()
print(string)
print(sample_yes().upper())
```

输出结果如下：

```
hello python
HELLO PYTHON
```

调用有返回值的函数“sample_yes()”，可以将函数调用赋值给 string，即 string = sample_yes()，那么 string 中存储的便是函数的返回值，后续程序可以继续对返回值进行处理。除此之外，有返回值的函数调用语句还可以调用对应的方法，如 sample_yes().upper()，等效于'hello python'.upper()。还可以把函数调用作为实参传递给其他函数。总之，函数设置返回值之后，程序便可以用各种方式对返回值进行操作，更加有效、灵活。

6.4 函数的参数

函数的参数这里指的是定义函数时，定义的形参。形参用来接收实参传递过来的数据，Python 中函数的形参可以分为位置参数、关键字参数、默认参数和不定长参数，其中，不定长参数分为包裹位置参数和包裹关键字参数。本节将主要讲解这四类参数的使用方法。

视频讲解

6.4.1 位置参数

1. 位置参数的定义和运用

将参数设置成位置参数时，需要注意两点，一是顺序一致，将实参传递给形参时会按照顺序依次传递；二是数量，在调用函数时，传递的实参数量必须和定义的形参数量一致。

位置参数定义和运用参考示例如下：

```
def func_name(arg1,arg2,arg3):                # 位置参数定义
    print(arg1,arg2,arg3)
func_name(value1,value2,value3)               # 函数调用，传递实参
```

语法说明如下。

(1) 定义函数时，arg1、arg2、arg3 是位置参数。

(2) 调用函数时，将 value1、value2、value3 作为参数传入函数中，对应的位置是 arg1、arg2、arg3。

2. 位置参数应用案例——月份天数计算器

月是历法中的一种时间单位，传统上都是以月相变化的周期作为一个月的长度，一个月(太阴月)的长度大约是 29.53 日，即一轮“朔望月”。在旧石器时代的早期，人类就已经会依据月相来计算日子。迄今，朔望月仍是许多历法的基石。一年分为 12 个月；中国农历一年也为 12 个月，农历的闰年为 13 个月，多出的一个月称为闰月。

月份来源于《山海经》中的“常羲生月”传说。《山海经》记载，帝俊有两位妻子，羲和与常羲。羲和生日，常羲生月，所以常羲也被称为月母。其实羲和与常羲同为制定历法的官职。《世本》中记载，黄帝为了制定历法，让“羲和占日，常仪占月”，常仪就是常羲，占月就是观测月亮的晦朔弦望的周期，这就是“常羲生十二月”的来历。

智慧的中国人民早已将月份天数的规律总结成了口诀，口诀如下。

一三五七八十腊，

三十一天永不差。

四六九冬三十日，

平年二月二十八，

闰年二月把一加。

用函数的方式将月份的天数计算出来，总体需求是根据输入的年份和月份，然后根据对应年、月的规律，进行天数返回即可。

(1) 根据月份的天数特征将月份分为三类。

30 天的月份是：4、6、9 和 11。

31 天的月份是：1、3、5、7、8、10 和 12。

28 天或 29 天的月份是：2。

(2) 以上三类用多分支解决，在 2 月份中嵌套双分支，用闰年的判断方式，判断返回 28 或者 29。

代码如例 6-4 所示。

【例 6-4】 位置参数的使用代码示例。

```
def get_days_in_month(year, month):
    if month in [4, 6, 9, 11]:
        return 30
    elif month in [1, 3, 5, 7, 8, 10, 12]:
        return 31
    else:
        if (year % 4 == 0 and year % 100 != 0) or year % 400 == 0:
            return 29
        else:
            return 28

year = int(input("请输入年份:"))
month = int(input("请输入月份:"))
days = get_days_in_month(year, month)
print("{}年{}月有{}天".format(year, month, days))
```

输出结果如下：

```
请输入年份:2021
请输入月份:9
2021 年 9 月有 30 天
```

使用成员运算符 in 判断输入的月份是 30 天还是 31 天，若是 2 月份，再运用闰年的判断条件，年份能整除 4 但是不能整除 100(判断语句为“year%4==0 and year%100!=0”)，或年份能整除 400(判断语句为 year%400==0)，则是闰年，也就是 29 天，否则为 28 天。

6.4.2 关键字参数

1. 关键字参数的定义和运用

在实际开发中，可能会碰到参数过多的情况，因为每一个参数在函数体中产生的作用是不一样的，所以如果利用位置参数传递数据，可能会因为实参和形参顺序不一致导致最后程序出现错误。所以可以使用关键字参数，通过“形参名=实参”的方式将两者联系起来，这样函数在接收数据时，就会根据形参名来进行数据传递，总的来说，关键字参数在进行数据传递时，顺序可以不一致。

关键字参数的定义和运用参考示例如下：

```
def func_name(arg1,arg2,arg3):                              # 跟位置参数定义一样
    print(arg1,arg2,arg3)
func_name(arg1=value1,arg3=value2,arg2=value3)              # 传递实参时写上对应的形参名
```

语法说明如下。

(1) 调用函数时，直接通过赋值运算符将实参传递给对应形参。

(2) 关键字参数与位置参数定义方式一模一样，只是关键字参数传递参数时可以不用按照顺序进行传递。

2. 关键字参数案例——计算景区游客平均访问量

随着生活水平的日益提高，人们对于休闲娱乐方面的要求也越来越高。据统计，当下最受欢迎的旅游景区有西湖、布达拉宫、张家界、万里长城、鼓浪屿、桂林山水、九寨沟、黄山、三亚和丽江市等。

一个景区的火热程度，其中游客访问量是一个非常重要的指标。假如现有某景区月访客量如表 6-1 所示。

表 6-1　某景区月访客量

月　份	1	2	3	4	5	6	7	8	9	10	11	12
访客量	2000	3880	6870	7880	8670	8880	19000	20000	3780	5890	2340	2310

现在需求如下。

(1) 使用关键字参数的方式给 start、end 传递参数，表示起始月、结束月。

(2) 函数中，定义一个列表存储所有的访客量。

(3) 将月份作为参数传入函数，计算任意连续月份的平均访客量。

代码如例 6-5 所示。

【例 6-5】 使用关键字参数的代码示例。

```
def start_to_end_avg(start, end):
    # 使用列表保存景区每月的访客量,注意 1—12 月对应索引为 0～11
    visits = [2000, 3880, 6870, 7880, 8670, 8880, 19000, 20000, 3780, 5890, 2340, 2310]
    num = 0
    # 使用 for 循环累加计算总访客量
    for month in range(start - 1,end):                 # 列表索引值从 0 开始,所以是 start-1
        num += visits[month]
    avg = int(num / (end - start + 1))
    return avg

start_month = int(input("请输入起始月份:"))
end_month = int(input("请输入结束月份:"))
avg_num = start_to_end_avg(end=end_month, start=start_month)
print("{}月份到{}月份的平均访客量是{}人次".format(start_month, end_month, avg_num))
```

输出结果如下：

```
请输入起始月份:3
请输入结束月份:8
3 月份到 8 月份的平均访客量是 11883 人次
```

6.4.3　默认参数

1. 默认参数的定义和运用

Python 允许在定义函数时,给参数先设置一个默认值,这样的参数被称为默认参数。设置好默认值之后,在调用函数时,若没有更改默认参数的值,则函数运行中会直接使用默认值;若更改了参数的默认值,则函数运行中会使用新的赋值。

默认参数的定义和运用参考示例如下:

```
def func_name(arg1=value1,arg3=value2,arg2=value3):    #可以设置 0 个或多个默认参数
    print(arg1,arg2,arg3)
func_name()             # 可根据需求决定是否修改默认参数的值
```

语法说明如下。

(1) 定义函数时,可以设置参数的初始默认值。

(2) 默认参数可以不传递实参,若不传递新的参数值,则使用默认值;若传递新的参数值,则使用传递的新参数值。

2. 默认参数案例

继续沿用关键字参数的景区访客量的案例,现在需求如下。

(1) 设置结束月份 end 默认值为 12。

(2) 给 end 传递不同月份,测试默认参数的使用特征。

代码如例 6-6 所示。

【例 6-6】 使用默认参数的代码示例。

```
def start_to_end_avg(start, end=12):
    # 使用列表保存景区每月的访客量
    visits = [2000, 3880, 6870, 7880, 8670, 8880, 19000, 20000, 3780, 5890, 2340, 2310]
    num = 0
    # 使用 for 循环累加计算总访客量
    for month in range(start - 1,end):
        num += data[month]
    avg = int(num / (end - start + 1))
    return avg
avg1 = start_to_end_avg(6)                              # 6—12 月
avg2 = start_to_end_avg(start=6,end=12)                 # 6—12 月
avg3 = start_to_end_avg(start=1,end=9)                  # 1—9 月
print("avg1={}人次, avg2={}人次,avg3={}人次".format(avg1, avg2, avg3))
```

当未给 end 传递参数时,end 的值为默认值 12,所以 avg1 和 avg2 的值是相等的。当 avg3 中修改了 end 的默认值,则会按照新的 9 月份来进行计算。例 6-6 的代码输出结果如下:

```
avg1=8885 人次, avg2=8885 人次,avg3=8995 人次
```

6.4.4 不定长参数

不定长参数，顾名思义，就是参数的个数是不确定的。因为在开发过程中，某些场景中无法先确定参数的个数，就可以使用不定长参数来解决。而不定长参数可以细分为两类：包裹位置参数和包裹关键字参数。

(1) 包裹位置参数

如果函数中使用了包裹位置参数，则意味着函数可以接收不定数量的位置参数，而且实参传递给形参后，会以元组的形式存入形参当中。

语法格式如下：

```
def func_name( * args):
    函数体
```

需要注意的是，在定义包裹位置参数时一定要在参数名前添加 * 进行标识。参数名 args 是 Python 推荐的包裹位置参数规范命名，不建议修改成其他名字。定义完成后，再调用函数时，可以传任意数量参数，最终会被存入元组。

使用景区访客量的案例，现在需求如下。

① 输入任意月份，并且月份可以不连续，计算出这些月份的平均访客量。

② 对传递的月份的个数不做限制。

代码如例 6-7 所示。

视频讲解

【例 6-7】 使用包裹位置参数的代码示例。

```
def specific_avg( * args):
    visits = [2000, 3880, 6870, 7880, 8670, 8880, 19000, 20000, 3780, 5890, 2340, 2310]
    num = 0
    for item in args:
        num += visits[item-1]
    avg = num / len(args)
    print("{}月平均访客量是:{}人次".format(args, avg))
# 可根据实际需求求解任意月份平均访客量
specific_avg(1, 3, 9, 8, 7)
```

包裹位置参数 args 中存储的是一个元组，元组数据是：(1,3,9,8,7)。而 for 循环一次提取是元组中的每一个月份元素，进行求和，并计算平均访客量，这样就可以实现求解任意月份的平均访客量，非常方便、灵活。

输出结果如下：

```
(1, 3, 9, 8, 7)月平均访客量是:10330.0 人次
```

(2) 包裹关键字参数

如果函数中使用了包裹关键字参数，则意味着函数可以接收不定长数量的关键字参数，而且实参传递给形参后，会以字典的形式存入形参当中。

语法格式如下：

```
def func_name( ** kwargs):
    函数体
```

需要注意的是，在定义包裹关键字参数时一定要在参数名前添加 ** 进行标识。参数名 kwargs 是 Python 推荐的包裹关键字参数规范命名，不建议修改成其他名字。定义完成后，再调用函数时，可以传递任意数量参数，且注意实参应该是以“参数名＝参数值”的方式进行传递，并且会存储成字典类型。

仍使用景区访客量的案例，现在需求如下。

① 使用包裹关键字参数定义函数。

② 计算上半年和下半年景区的平均访客量。

代码如例 6-8 所示。

【例 6-8】 包裹关键字的使用代码示例。

视频讲解

```
def keyword_avg( ** kwargs):
    for key in kwargs:
        print(key + " avg is:")
        visits = kwargs[key]
        num = 0
        for item in visits:
            num += item
        avg = num / len(visits)
        print(str(int(avg))+"人次")
keyword_avg(first_half_year=[2000,3880,6870,7880, 8670, 8880],
            second_half_year=[19000, 20000, 3780, 5890, 2340, 2310])
```

包裹关键字参数 kwargs 中存储的是一个字典，字典数据是：

```
{'first_half_year': [2000,3880,6870,7880, 8670, 8880],
```

'second_half_year'：[19000,20000,3780,5890,2340,2310]}。而 for 循环的循环变量 key 每次取的都是字典的键，所以第一轮循环 visits 的值是 kwargs['first_half_year']，也就是列表[2000,3880,6870,7880,8670,8880]；第二轮的值是 kwargs['f second_half_year ']，也就是列表[19000,20000,3780,5890,2340,2310]。所以最后求解的便是上半年和下半年景区的平均访客量。

输出结果如下：

```
first_half_year avg is:
6363 人次
second_half_year avg is:
8886 人次
```

6.4.5 多参函数

前面已介绍函数的各类参数，那么各类参数能否混合使用呢？答案是肯定的。但是在各类参数混合使用过程中，需要注意参数的顺序，基本原则如下：

(1) 如果有位置参数，则一定要设置在最前面。

(2) 如果有包裹关键字参数，则要放在最后面；否则，会引发错误。

代码如例 6-9 和例 6-10 所示。

【例 6-9】 位置参数的位置设置代码示例。

```
# 位置参数一定要放在最前面
def exp(x, y, * args):
    print('x:', x)
    print('y:', y)
    print('args:', args)
exp(1, 5, 66, 55, 'abc')
```

在例 6-9 中设置了两个位置参数、一个包裹位置参数，其中，需要注意的是，位置参数需要放在最前面；但是调用函数是传递了 5 个实参，按照参数的规则，会将前两个实参 1 和 5 分别按顺序传递给 x 和 y，剩下的 3 个实参以元组的形式即(66,55,'abc')存储在 args 当中。

输出结果如下：

```
x: 1
y: 5
args: (66, 55, 'abc')
```

【例 6-10】 包裹关键字参数的位置设置的代码示例。

```
# 包裹关键字参数放在最后面
def exp(x, y, * args, ** kwargs):
    print('x:', x)
    print('y:', y)
    print('args:', args)
print('kwargs:', kwargs)
exp(1, 2, 2, 4, 6, a='c', b=1, ss=5)
```

例 6-10 中设置了两个位置参数、一个包裹位置参数和一个包裹关键字参数，其中需要注意的是，一旦参数中需要设置包裹关键字参数，它一定要放在最后面；调用函数时传递了 8 个实参，按照规则，前 2 个实参 1 和 2 会传递给位置参数 x 和 y，因为包裹位置参数和包裹关键字参数都可以接收任意数量的实参，所以后面 6 个参数，根据传递实参的形式可以区分出来，args 以元组的方式存储(2,4,6)，后面的 3 个实参是以符合包裹关键字参数的方式传递参数，所以 kwargs 中以字典形式存储最后 3 个参数{'a': 'c','b': 1,'ss': 5}。

输出结果如下：

```
x: 1
y: 2
args: (2, 4, 6)
kwargs: {'a': 'c', 'b': 1, 'ss': 5}
```

6.5 变量的作用域

在 Python 中，变量创建完成后并不是在任意位置都可以随意访问的，具体的访问权限取决于该变量定义的位置。而变量能够被访问的范围就是变量的作用域。根据作用域的不同可以将变量分为局部变量和全局变量。

6.5.1 局部变量

局部变量指的是定义在函数内部的变量，其作用范围局限在函数内部，只能在函数内部使用，只有在函数运行期间才会被分配内存空间，函数结束会马上被释放掉。它与函数外的同名变量没有任何关系。在不同的函数内部，变量名可以一样，它们之间不会相互影响，代码如例6-11所示。

【例6-11】 局部变量的代码示例。

```
def func():
    x = 6
    print(x)
func()
print(x)
```

运行程序报错，输出结果如下：

```
Traceback(most recent call last):            # 函数外的print(x)报错
    File "C:/Users/演示.py", line 5, in <module>
        print(x)
NameError: name 'x' is not defined
6                                            # 函数内部的print()函数打印的变量x的数据
```

例6-11中的程序打印了函数内部的x的值之后，打印错误信息，原因是第5行的变量x没有被定义，即函数内部的x是局部变量，函数外部无法使用。在函数运行结束后，函数内部的变量x的内存空间会被释放掉，第5行输出的变量x相当于一个没有定义过的变量，因此系统报错。

6.5.2 全局变量

全局变量指的是定义在函数外部的变量，其作用范围是整个程序，在整个程序运行期间都会分配内存空间。要特别注意，全局变量在函数内部可以被引用，但是全局变量的值不能直接被改变，代码如例6-12所示。

【例6-12】 全局变量的代码示例。

```
x = 5
def func():
    x = 6
    print(x)
func()
print(x)
```

输出结果如下：

```
6
5
```

从程序运行结果来看，函数内部打印的是局部变量，x的值是6，而函数外部打印的是全局变量，x的值为5。这两个变量虽然同名，但是分配的内存空间是不一样的。运行函数体时，输出的是函数体内部的局部变量 x 的值是 6，当函数运行结束，系统会将函数内部局部变量 x 的内存空间释放掉，然后程序继续往下运行，再次输出的是全局变量 x 的值，也就是 5。

以上是全局变量和局部变量同名的情况，建议为了避免程序混乱，尽量让全局变量名跟局部变量名不同。

Python 中函数内部一般无法修改全局变量的值，但是如果一定要在函数内部修改全局变量的值，需要提前使用关键字 global 进行声明，代码如例 6-13 所示。

【例 6-13】 关键字 global 的使用代码示例。

```
x = 5
def func():
    global x
    x += 5
    print(x)
func()
print(x)
```

输出结果如下：

```
10
10
```

从程序结果可以看出，当在函数内部使用 global 进行全局变量声明之后，就可以在函数内对全局变量进行赋值修改操作。

6.6 yield 关键字

6.6.1 迭代器

迭代是 Python 最强大的功能之一，是访问包含多个元素的一种方式。迭代器是一个可以记住遍历位置的对象。迭代器从第一个元素开始访问，直到所有的元素被访问结束。迭代器只能往前不会后退。迭代器有两个基本的方法：__iter__()和__next__()，等效于 iter()函数和 next()函数。

字符串、列表、元组、字典和集合都是可迭代的对象，都可以用来创建迭代器。可以简单理解为能够用 for 循环遍历的对象都可称之为可迭代对象，代码如例 6-14 所示。

【例 6-14】 for 循环运行过程的代码示例。

```
List = [1, 2, 3, 4]
for i in List:
    print(i,end=" ")

print("\nfor 循环手动过程")
List = List.__iter__()                # 可迭代对象调用__iter__()方法，创建迭代器
print(List.__next__())                # 依次调用__next__()方法，返回迭代器中的元素
print(List.__next__())
```

```
print(List.__next__())
print(List.__next__())
print(List.__next__())        # 反复调用__next__(),直到报 StopIteration 异常,for 循环结束
```

输出结果如下：

```
1 2 3 4
for 循环手动过程
1
2
3
4
StopIteration
```

Python 的 for 循环跟其他语言的运行过程是不一样的,真实的运行过程,可以简单理解为如下三个方面。

(1) for 循环先调用__iter__()方法将循环对象创建成一个迭代器。

(2) 迭代器依次调用__next__()方法,返回迭代器中的元素。

(3) 当调用__next__()方法返回所有元素后,再次调用__next__()方法,会产生 StopIteration 异常,系统捕捉到此异常,终止 for 循环。

6.6.2　推导式

Python 中有一种高效地生成新数据序列的方式,叫推导式,推导式可以分为四种。

(1) 列表推导式,语法格式如下：

```
List = [expression for i in list if condition]
expression:     可以是表达式,可以是函数的调用
for i in list:  循环取出
if condition:   根据条件过滤哪些值可以
```

执行流程是循环变量 i 依次获取元素,然后 if 条件进行判断,如果成立,将 i 传递给表达式进行计算,形成列表元素；如果不成立,则不会传递给表达式。其中,推导式中的 if condition 是可以省略的,代码如例 6-15 所示。

【例 6-15】 列表推导式的代码示例。

```
List = [1, 2, 3, 4]
# 列表推导式
multiples = [i+1 for i in range(30) if i % 3 == 0]          # 简单表达式
print(multiples)

def squared(x):
    return x * x
multiples = [squared(i) for i in range(30) if i % 3 == 0]   # 表达式是函数调用
print(multiples)
```

输出结果如下：

```
[1, 4, 7, 10, 13, 16, 19, 22, 25, 28]
[0, 9, 36, 81, 144, 225, 324, 441, 576, 729]
```

（2）集合推导式，语法格式如下：

```
Set = {expression for i in list if condition}
expression:     可以是表达式，可以函数的调用。
for i in list:  循环取出。
if condition:   根据条件过滤哪些值可以。
```

循环过程基本和列表推导式一样，if condition 部分也是根据实际需要，可以省略。但是两侧的符号从[]变成了{}。而且最终形成的数据类型是集合类型，所以重复元素会自动去重，代码如例 6-16 所示。

【例 6-16】 集合推导式的代码示例。

```
# 集合推导式
print({i ** 2 for i in (1,2,3,4,5)})
```

输出结果如下：

```
{1, 4, 9, 16, 25}
```

（3）字典推导式，语法格式如下。

```
Dict = {key:value for i in list if condition}
key:value:      第一部分要是键值对的方式。
for i in list:  循环取出。
if condition:   根据条件过滤哪些值可以。
```

循环过程基本和列表推导式一样，if condition 部分也是根据实际需要，可以省略。但是第一部分的内容一定要是键值对(key:value)形式，不然无法形成字典类型。另外，两侧的符号是{}，代码如例 6-17 所示。

【例 6-17】 字典推导式的代码示例。

```
# 字典推导式
print({k: v for k, v in zip(["name", "age", "num"], ["哈哈", 18, "2021001"])})
print({k: len(k) for k in ["hello", "life", "happy"]})
```

输出结果如下：

```
{'name': '哈哈', 'age': 18, 'num': '2021001'}
{'hello': 5, 'life': 4, 'happy': 5}
```

（4）元组推导式，语法格式如下。

```
Tuple = {expression for i in list if condition}
expression:     可以是表达式，可以函数的调用。
for i in list:  循环取出。
if condition:   根据条件过滤哪些值可以。
```

循环过程基本和列表推导式一样，if condition 部分也是根据实际需要，可以省略。但是两侧的符号是()，返回的结果是一个生成器对象，代码如例 6-18 所示。

【例 6-18】 元组推导式代码示例。

```
# 元组推导式
multiples = (i for i in range(30) if i % 3 == 0)          #生成器
print(multiples.__next__())
print(multiples.__next__())
print(multiples.__next__())                               # 返回前三个元素
for i in multiples:              # for 循环从第 4 元素开始遍历,因为生成器能够记住迭代位置
    print(i, end=" ")
```

输出结果如下：

```
0
3
6
9 12 15 18 21 24 27
```

元组推导式又被称为生成器，可以用于迭代操作，简单理解是，生成器就是一个特殊迭代器。特殊的地方在于调用生成器运行的过程中，返回一个数据之后会暂停并保存当前所有的运行信息，并在下一次执行时从当前位置继续。

6.6.3　函数生成器

在 Python 中，使用了 yield 的函数被称为函数生成器(generator)。跟普通函数不同的是，使用 yield 返回数据的函数是一个生成器，可以用于 for 循环迭代操作，在调用生成器运行的过程中，每次遇到 yield 时函数会暂停并保存当前所有的运行信息，返回 yield 的值，并在下一次执行调用时从当前位置继续，代码如例 6-19 所示。

【例 6-19】 yield 返回数据的代码示例。

```
def generate_sequence():
    for i in range(10):
        yield i
    print("finish")
# generate_sequence()相当于一个生成器,可以 for 循环直接迭代
for i in generate_sequence():
    print(i, end=" ")
```

输出结果如下：

```
0 1 2 3 4 5 6 7 8 9 finish
```

使用 yield 返回函数处理结果跟 return 是不同的，return 一旦返回一个数据后，函数的调用就结束了，但是 yield 返回的是一个生成器，能够记住调用位置，返回一个数据后，会记住调用位置，等待下一次调用，继续返回数据，直到返回所有数据为止。

所以，yield 应用的场景一般是函数需要返回多个数据时，可以使用 yield 一个一个进行返回，节省内存空间，代码如例 6-20 所示。

【例 6-20】 生成斐波那契数列的代码示例。

视频讲解

```
def fibo(n):
    x, x1, x2 = 0, 1, 1
```

```
        while x < n:
            yield x1
            x1, x2 = x2, x1+x2
            x += 1
for i in fibo(10):
    print(i, end=" ")
```

输出结果如下：

```
1 1 2 3 5 8 13 21 34 55
```

用 yield 关键字返回多个函数结果，不需要先将多个数据添加到列表中，然后一次性返回所有数据，而是可以一个一个地进行数据返回，减少了代码量，而且也节省了内存空间。

6.7 函数的特殊形式

Python 中除了前面讲的一般形式外，还有定义上的特殊形式，也就是匿名函数，另外，还有反复调用函数本身的特殊形式，也就是递归函数，本节将就这两种函数进行讲解。

6.7.1 匿名函数

匿名函数也就是没有名称的函数，不需要用 def 关键字定义。如果定义的是匿名函数，需要使用另一个关键字 lambda。匿名函数一般的应用场景是函数体只有一个单一表达式，定义的基本格式如下：

```
lambda [arg1,arg2,arg3,…]: expression
```

匿名函数参数可以有任意个，expression 表示函数的表达式，代码如例 6-21 所示。

【例 6-21】 lambda 定义匿名函数的代码示例。

```
test = lambda arg1, arg2, arg3: arg1+arg2+arg3
print("运行结果是:", test(23, 22, 13))
```

输出结果如下：

```
运行结果是: 58
```

需要注意的是，与普通函数相比，匿名函数的体积更小、功能更单一，只能实现比较简单的功能。两者主要区别如下。

(1) 用 def 定义的不同函数有名称，而用 lambda 定义的匿名函数没有名称。

(2) 普通函数的函数体可以包含多条语句，而匿名函数只能是一个表达式。

(3) 普通函数能被其他程序使用，而匿名函数不能被其他程序使用。

(4) 定义好的匿名函数无法直接使用，最好是赋值给变量，或作为其他函数的参数进行使用。

匿名函数可以和其他函数结合使用，可以让程序更加紧凑，排序方法 sort()就可以跟定义的 lambda 匿名函数结合使用，代码如例 6-22 所示。

【例 6-22】 lambda 定义的匿名函数与 sort()方法结合使用的代码示例。

```
# sort()方法与 lambda 结合使用,可以更改排序标准
List = [8, 28, 3, 0, -2, 23, -32]
List.sort()                    # 按照数字大小升序排列
print("按照元素值的大小进行排序结果是:", List)

# 结合 lambda 将排序标准改为按照每个元素平方数的大小进行排序
List.sort(key=lambda x: x ** 2)
print("按照元素平方的大小进行排序结果是:", List)

# 默认按照字符串内部字符编码值大小进行排序
List_string = ["abc", "Abcd", "bcd", "a1b2c3", "yaBc786dA"]
List_string.sort()
print("按照字符串字符编码值进行排序结果是:", List_string)
# 使用匿名函数 lambda,将排序标准改为按照字符串长度进行排序
List_string.sort(key=lambda x: len(x))
print("按照字符串长度进行排序结果是:", List_string)
```

输出结果如下：

```
按照元素值的大小进行排序结果是: [-32, -2, 0, 3, 8, 23, 28]
按照元素平方的大小进行排序结果是: [0, -2, 3, 8, 23, 28, -32]
按照字符串字符编码值进行排序结果是: ['Abcd', 'a1b2c3', 'abc', 'bcd', 'yaBc786dA']
按照字符串长度进行排序结果是: ['abc', 'bcd', 'Abcd', 'a1b2c3', 'yaBc786dA']
```

除了排序函数之外,还有一些函数也经常跟匿名函数结合使用。例如,高阶函数：映射函数 map()和过滤函数 filter()与匿名函数 lambda 结合使用。

映射函数 map()和过滤函数 filter()语法规范如表 6-2 所示,代码如例 6-23 所示。

表 6-2 map()和 filter()函数

函数名称	函数说明
map()	它的基本样式为 map(function,iterable)。Function 是一个函数名,iterable 是一个可迭代的对象。在执行的时候,通过把函数 function 依次作用在 list 的每个元素上,返回一个可迭代的对象
filter()	它的基本样式为 filter(function,iterable)。Function 是一个函数名,iterable 是一个可迭代的对象。函数 function 接收一个参数,返回布尔值为 True 或 False,返回符合条件的值形成的一个可迭代的对象

【例 6-23】 lambda 函数与高阶函数结合使用代码示例。

```
# 以普通函数方式实现列表每个数字平方值
def add(x):
    x *= x
    return x
for I in range(10):
    print(add(i), end"""")                          # 以循环的方式调用函数计算平方值

# 以匿名函数方式实现列表每个数字平方值
num2 = list(map(lambda x: x ** 2, range(10)))      # 使用 map()函数和匿名函数速度更快
```

```
print(num2)

#使用匿名函数和 filter()函数过滤数据
# 过滤歌手姓名
func = lambda x: x !="小杰"
name = filter(func, ["小刘","小周","小邓","小杰"])
print(list(name))

# 过滤第二门课程不及格的学生
score_list = [["周一", 98, 92, 89], ["吴二", 89, 59, 94], ["郑三", 93, 87, 75]]
score_filter = filter(lambda x: x[2] >= 60, score_list)
print(list(score_filter))
```

输出结果如下：

```
[0, 1, 4, 9, 16, 25, 36, 49, 64, 81]
[0, 1, 4, 9, 16, 25, 36, 49, 64, 81]
["小刘","小周","小邓"]
[["周一", 98, 92, 89], ["郑三", 93, 87, 75]]
```

map()和 filter()函数的返回值是可迭代对象，所以想要获取最后的函数结果，可以用 for 循环获取，或者用 list()函数转换为列表，就可以直接获取对应数据。

例 6-23 中 list(map(lambda x:x ** 2,range(10)))，先是将 range(10)生成的[0,1,2,3,4,5,6,7,8,9]数字序列映射给匿名函数 lambda x:x ** 2，得到[0,1,4,9,16,25,36,49,64,81]，但是这些数据不会直接返回，在 map()函数外面用 list()函数将返回的 map 对象转换成列表对象，就可以获取对应的数据。

score_filter = filter(lambda x: x[2] >= 60,score_list)，先是将每位同学的信息传递给前面的匿名函数 lambda x: x[2] >= 60，匿名函数会根据每位同学第二门科目的成绩，也就是列表的第三个数据是否大于或等于 60，来过滤低于 60 分的同学信息。

6.7.2 递归函数

函数之间是可以相互嵌套调用的。如果某函数反复地调用自身，称这种形式的函数为递归函数。而递归函数不能无限次地调用自身形成死循环，所以递归函数可分为两个阶段。

(1) 递推。下一次的调用都是依赖于上一次调用的结果。

(2) 回溯。递推到终止条件时，会将最终的值依次沿着递推倒过来返回至上一级。

递归函数通常会用于解决一些复杂问题，而这些复杂问题往往可以分解成若干解决方式基本相同的子问题，代码如例 6-24 所示。

【例 6-24】 递归函数——数学阶乘代码示例。

```
def fact(n):
    if n == 1:
        return 1
    else:
        return fact(n-1) * n
print(5)
```

输出结果如下：

```
120
```

程序执行流程如图 6-2 所示。

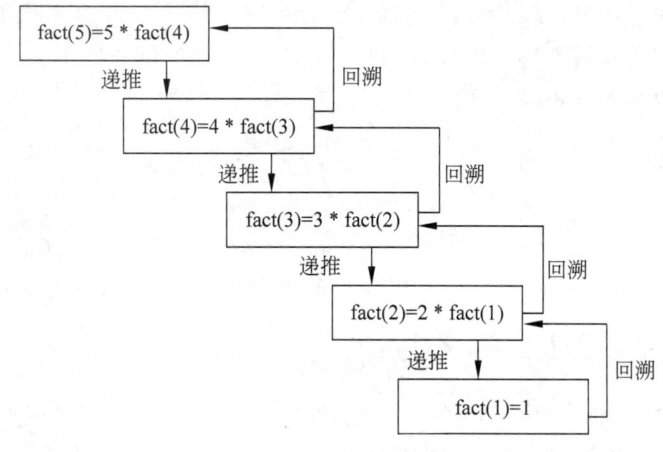

图 6-2　递归流程

6.8　模块

在计算机程序的开发过程中，随着需求增多，程序代码量会越来越大，如果将所有程序全部放在同一个文件中，那么程序会变得越来越不容易维护，而且结构会变得复杂。为了提高代码的可维护性，增强代码间的结构性，Python 中引入了模块（Module）的概念，本节主要讲解 Python 中模块的内容。

6.8.1　模块的概念

在 Python 中，模块是一个包含所有定义的函数、变量或类等内容的程序文件，其扩展名是 py。模块可以被别的程序引入，以使用该模块中的函数或方法等功能。模块包括 Python 内置模块、第三方模块和自定义模块。

模块不仅提高了代码的可维护性，也提高了代码的重用性。另外，使用模块还可以避免函数和变量名冲突。相同名字的函数和变量完全可以分别存在不同的模块中，因此，在编写模块时，不必考虑名字会与其他模块冲突。但是也要注意，尽量不要与内置函数名冲突。

6.8.2　模块的导入和使用

当需要使用模块中的函数或变量时，要先导入模块，然后再进行函数或方法的调用。调用的方式是一样的，所以接下来以使用模块中的函数来介绍不同的导入方式和基本格式。

（1）使用关键字 import 导入模块，基本格式如下：

```
import module1, module2, …
```

使用 import 导入模块后，解释器会在当前目录下搜索模块，若有则直接导入，若无则是到系统指定的默认路径下查找。可以同时导入多个模块，模块名之间用逗号隔开。

调用模块中的函数，基本格式如下：

```
模块名.函数名
```

调用模块中的函数时，要加上模块前缀，因为不同的模块中可能含有相同函数，所以需要让解释器清楚该函数属于哪个模块，避免产生错误，代码如例 6-25 所示。

【例 6-25】 直接导入模块代码示例。

```
import random
num = random.randint(0,1000)
print(num)
```

（2）使用 from 和 import 关键字直接导入模块中的函数，基本格式如下：

```
from 模块名 import 函数名 1,函数名 2,…
```

此时可以直接使用模块中的函数，不需要加上模块前缀，但是要避免函数名同名的情况。可以同时导入多个函数，函数名之间用逗号隔开，代码如例 6-26 所示。

【例 6-26】 导入模块中函数代码示例。

```
from random import randint
num = randint(0,1000)
print(num)
```

（3）一次性导入模块中所有函数，可以用 * 来实现，基本格式如下：

```
from 模块名 import *
```

代码如例 6-27 所示。

【例 6-27】 导入模块中所有函数代码示例。

```
from random import *
num = randint(0,1000)
print(num)
```

值得注意的是，虽然使用 * 可以一次性导入模块中的所有内容，但是非必要时，不建议使用。

6.8.3 内置模块

Python 的内置模块也称为 Python 标准库，当系统安装、配置好 Python 的环境后，便可以在开发时直接导入程序文件时进行使用。Python 常用内置模块如表 6-3 所示。

表 6-3 Python 常用内置模块

模 块 名	描 述
math	提供数学运算的函数和变量
random	提供用于生成各种随机数序列的方法

续表

模块名	描述
datetime	提供多种日期和时间的处理方法
os	提供跟系统操作相关的一系列方法

数学模块 math 中包含一些定义好的比较常用的数学常量，如表 6-4 所示。

表 6-4 数学模块常量

常量	描述
math. e	返回欧拉数(2. 7182…)
math. inf	返回正无穷大浮点数
math. nan	返回一个浮点值 NaN(not a number)
math. pi	π 一般指圆周率。圆周率 PI(3. 1415…)

数学模块 math 中包含一些定义好的比较常用的数学方法，如表 6-5 所示。

表 6-5 数学模块方法

方法	描述
math. sin(x)	返回 x 弧度的正弦值
math. cos(x)	返回 x 弧度的余弦值
math. tan(x)	返回 x 弧度的正切值
math. sqrt(x)	返回 x 的平方根
math. pow(x,y)	将返回 x 的 y 次幂
math. fabs(x)	返回 x 的绝对值
math. degrees(x)	将角度 x 从弧度转换为度数
math. ceil(x)	将 x 向上舍入最接近的整数
math. floor(x)	将 x 向下舍入最接近的整数
math. trunc(x)	返回 x 截断整数的部分，即返回整数部分，删除小数部分

随机数模块 random 中，除了已经了解的 randint()方法是用来生成指定范围内的随机整数，其中还包含一些其他的与随机数相关的方法，常用方法如表 6-6 所示。

表 6-6 随机数模块方法

方法	描述
random. randrange()	从 range(start,stop,step) 返回一个随机选择的元素
random. randint(a,b)	返回随机整数 N 满足 a <= N <= b
random. choice(seq)	从非空序列 seq 返回一个随机元素。如果 seq 为空，则引发 IndexError
random. shuffle(x[,random])	将序列 x 随机打乱位置
random. sample (population, k, *,counts=None)	返回从总体序列或集合中选择的唯一元素的 k 长度列表。用于无重复的随机抽样
random. random()	返回 [0. 0,1. 0]范围内的下一个随机浮点数
random. uniform(a,b)	返回一个随机浮点数 N，当 a <= b 时 a <= N <= b，当 b < a 时 b <= N <= a

另外，turtle 模块也是内置在 Python 中用于绘制图形的模块，turtle 中文释义是海龟的意思，其实是因为用该模块画图，好比一只海龟在爬行过程中形成的图形，绘图过程非常直观便于理解。接下来介绍 turtle 模块常用方法，如表 6-7 所示。

表 6-7 turtle 模块常用方法

方　法	描　述
turtle. forward(distance)	向当前画笔方向移动 distance 像素长度
turtle. backward(distance)	向当前画笔相反方向移动 distance 像素长度
turtle. right(degree)/turtle. left(degree)	顺时针移动 degree 度/逆时针旋转 degree 度
turtle. goto(x,y)	将画笔移动到坐标为 x,y 的位置
turtle. penup()/turtle. pendown()	从画布上提起绘画笔/落下绘画笔
turtle. circle()	画圆,半径为正(负),表示圆心在画笔的左边(右边)画圆
turtle. fillcolor(colorstring)	绘制图形的填充颜色
turtle. color(color1,color2)	同时设置 pencolor=color1,fillcolor=color2
turtle. filling()	返回当前是否在填充状态
turtle. begin_ fill()/turtle. end_ fill()	开始填充图形/终止填充图形
turtle. hideturtle()/turtle. showturtle()	隐藏/显示画笔的 turtle 形状
turtle. mainloop()或 turtle. done()	启动事件循环-调用 Tkinter 的 mainloop()方法或直接调用 done()方法终止。必须是乌龟图形程序中的最后一个语句,防止弹窗闪退

现在运用 turtle 绘画对称圆环和五角星,代码如例 6-28 所示。

视频讲解

【例 6-28】 turtle 绘制对称圆环和五角星代码示例。

```
import turtle

turtle.setup(1200, 600)                # 设置画布大小为 1200×600
turtle.speed(100)                      # 控制画笔速度为 100
turtle.pencolor("red")                 # 控制画笔颜色为红色
turtle.pensize(2)                      # 控制画笔粗细为 2
for i in range(40):                    # 循环 40 次画圆
    turtle.circle(100)                 # 圆的半径为 100
    turtle.left(10)                    # 每画一个圆,画笔沿逆时针方向旋转 10 度

turtle.penup()                         # 移动时先提起画笔,否则会在移动过程中留下痕迹
turtle.home(x)                         # 将画笔方向还原至朝向 x 轴正方向
turtle.goto(300, 0)                    # 画笔移动到坐标轴中(300,0)点处
turtle.pendown()                       # 将画笔落下

turtle.fillcolor("red")                # 五角星填充色为红色
turtle.begin_fill()                    # 开始填充
for i in range(5):                     # 循环 5 次绘制五角星五条边
    turtle.forward(200)                # 五角星每条线段长为 200 个像素点单位
    turtle.right(144)                  # 每绘制一条线段,画笔沿顺时针方向旋转 144 度
turtle.end_fill()                      # 结束填充
turtle.hideturtle()                    # 隐藏画笔
turtle.done()                          # 防止弹窗闪退
```

输出结果如图 6-3 所示。

6.8.4 自定义模块

在程序开发过程中,为了便于将功能实现细节与程序逻辑合理地分离,可以通过函数的

图 6-3　对称圆环和五角星

调用与模块的导入来实现。将实现细节以函数的方式封装在函数体中，然后将处理同一功能的子函数封装在自定义模块当中，最后在控制流程逻辑的主脚本程序中，导入自定义模块，就可以非常方便地使用自定义模块中已经写好的功能函数。这样可以很好地保证主脚本程序中不会出现大量的代码导致逻辑混乱、结构臃肿。可以实现程序代码的扁平化，便于代码编写、逻辑梳理、阅读和维护调试。

自定义模块应用案例——简易计算器。

(1) 首先可以创建一个 calculate.py 的 Python 文件，用来实现计算器的加、减、乘、除、取整除、求余和幂运算。

(2) 在同一个项目文件夹下创建一个名为 main.py 的主脚本文件，用来实现简易计算器的逻辑。

(3) 最后可以在 main.py 中导入自定义模块，也就是 calculate.py。就可以在主脚本中调用各种功能函数来实现计算功能，代码如例 6-29 所示。

【例 6-29】 自定义模块代码示例。

calculate.py 中的程序实例如下：

```
# 加法
def add(x, y):
    return x + y
# 减法
def subtract(x, y):
    return x - y
# 乘法
def multiply(x, y):
    return x * y
# 除法
def divide(x, y):
    if y == 0:
```

```
            return ""除数不能为""
        else:
            return x / y
# 取整除
def floor_divide(x, y):
        if y == 0:
            return ""除数不能为""
        else:
            return x // y
# 求余
def modulo(x, y):
        if y == 0:
            return ""除数不能为""
        else:
            return x % y
# 幂运算
def power(x, y):
        return x ** y
```

main.py 中的程序实例如下：

```
import calculate as Cal
print(""""
            简易计算器
        +:加法运算 -:减法运算
        *:乘法运算 /:除法运算
        %:求余运算 //:取整除运算
        **:幂运算 #:退出"""")
while True:
        sign = input(""请输入运算对应的符号"")
        if sign =="""":
            print(""退出计算"")
            break
        x = eval(input(""请输入第一个数字""))
        y = eval(input(""请输入第二个数字""))
        if sign =="""":
            print(""{}+{}={}"".format(x, y, Cal.add(x, y)))
        elif sign =="""":
            print(""{}-{}={}"".format(x, y, Cal.subtract(x, y)))
        elif sign =="""":
            print(""{}*{}={}"".format(x, y, Cal.multiply(x, y)))
        elif sign =="""":
            print(""{}/{}={}"".format(x, y, Cal.divide(x, y)))
        elif sign ==""/"":
            print(""{}//{}={}"".format(x, y, Cal.floor_divide(x, y)))
        elif sign =="""":
            print(""{}%{}={}"".format(x, y, Cal.modulo(x, y)))
        elif sign ==""*"":
            print(""{}**{}={}"".format(x, y, Cal.power(x, y)))
        else:
            print(""目前该计算器功能只能实现'+'、'-'、'*'、'/'、'//'、'%'、'**'运算"")
```

输出结果如下：

```
      简易计算器
  +:加法运算 -:减法运算
  *:乘法运算 /:除法运算
  %:求余运算 //:取整除运算
  **:幂运算 #:退出

请输入运算对应的符号:*
请输入第一个数字:9
请输入第二个数字:3
9*3=27
请输入运算对应的符号:%
请输入第一个数字:9
请输入第二个数字:3
9%3=0
请输入运算对应的符号:#
退出计算器
```

本例中将加、减、乘、除等功能实现的细节存放到了 calculate. py 中,并导入 main. py 中,主脚本程序只需要实现数据的输入输出和符号的选择等逻辑,使得逻辑与处理细节有效分离,程序结构更加清晰,更利于程序的维护调试。

6.8.5 第三方模块

Python 的第三方模块非常丰富,包含更多领域、功能更为强大的各种方法,但是并没有集成到 Python 的环境中,所以需要用到某个第三方模块时,需要先下载安装到 Python 环境中,才能导入使用。下载需要用到 Python 官方提供并维护的 pip 工具,这个工具是非常常用且高效的第三方库在线安装工具。pip 常用命令如表 6-8 所示。

表 6-8　pip 安装命令

命　令	描　述
pip install package_name	安装第三方库
pip uninstall package_name	卸载第三方库
pip list	给出环境当前已安装的第三方库
pip-help	查看 pip 工具有哪些命令

Python 中常用的第三方模块如表 6-9 所示。

表 6-9　常用的第三方模块

模 块 名	描　述
NumPy	用于矩阵运算、线性代数等
pandas	数据分析
Matplotlib	2D 和 3D 绘图库、数据可视化
SciPy	依赖于 NumPy 模块的科学计算库
Scrapy	网页爬虫框架
sklearn	机器学习和数据挖掘
Django	Python 开发网页最受欢迎的开源框架之一
pygame	游戏软件开发

多学一招:Python 的第三方模块在清华大学有镜像文件,下载模块可以更加稳定

快速。

```
清华大学下载命令：
pip install packagename －i https://pypi.tuna.tsinghua.edu.cn/simple －－trusted-host
pypi.tuna.tsinghua.edu.cn
```

本章小结

本章讲述 Python 中的函数和模块，包括函数的定义、调用和函数的参数：位置参数、默认参数、关键字参数和不定长参数（包裹位置参数和包裹关键字参数），还有函数的返回值、函数的嵌套、函数的递归、匿名函数等。模块部分简单介绍了模块的定义、第三方模块的安装导入，以及自定义模块的定义使用。

异常处理

学习目标

- 理解异常的概念。
- 熟悉常见的异常信息。
- 掌握异常处理机制 try-except-finally。
- 掌握 raise 抛出异常和 assert 断言的使用方法。
- 掌握代码的调试方法。

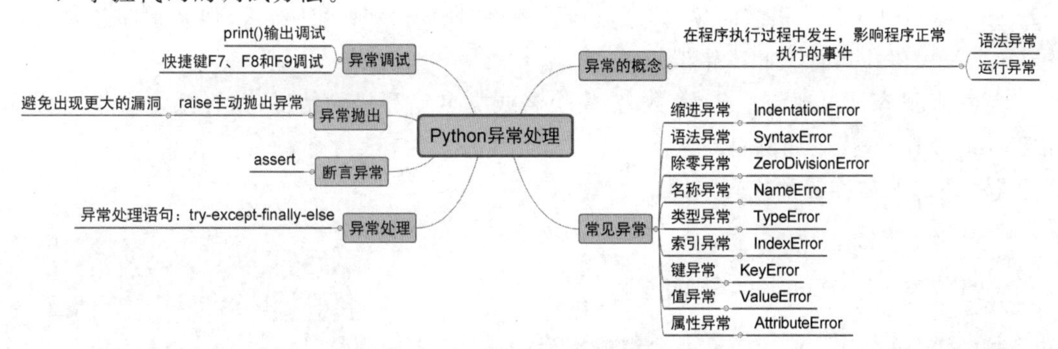

在实际的编程开发中，编程人员不可能保证每次编写的代码都是准确无误的。特别是大型系统等项目开发，代码量会非常庞大，程序肯定会出现各种漏洞(bug)，那么能快速找出程序的错误并有针对性地解决是每一个编程人员必须掌握的技能，本章将针对程序的异常问题、处理异常机制和代码调试进行讲解。

7.1 理解异常

7.1.1 异常的概念

异常是 Python 程序在运行时发生的错误，导致程序执行中断的事件，而一般可以把异常分为语法异常和运行时异常。

(1) 语法异常。在前面章节中介绍了大量 Python 相关的语法内容，如果在编程时，某些程序语句没有按照语法规范来进行编写则会产生语法异常，报 SyntaxError 异常，导致程序中断，停止运行，代码如例 7-1 所示。

【例 7-1】 语法异常代码示例。

```
# 示例 1:缺少冒号":"
def test()
        print(""Hello Pytho"")
# 报错信息:无效语法
SyntaxError: invalid syntax

# 示例 2:中英文格式错误
print(""Hello Pytho"")

# 报错信息:无效符号,因为左侧括号是中文格式的括号
SyntaxError: invalid character in identifier

# 示例 3:关键字有误
For i in [1, 2]:
    print(i)

报错信息:无效语法
SyntaxError: invalid syntax
```

(2) 运行时异常。很多时候,程序员检查程序时没有发现语法错误,但是程序还是会报错,导致程序停止运行。此类错误较多。

初学者很容易出现变量名、函数名、模块名或类名等写错的情况,这样系统会报名称异常(NameError),代码如例 7-2 所示。

【例 7-2】 名称异常代码示例。

```
score = 80
print(socre)                    # 变量名称写错

报错信息:名字未定义
NameError: name ''socre'' is not defined
```

由于缩进没有掌握好,导致进行程序之间的层级缩进时,出现缩进异常(IndentationError);还有可能习惯性用空格缩进,缩进时多几个空格或少一个空格也会导致缩进异常,代码如例 7-3 所示。

【例 7-3】 缩进异常代码示例。

```
def fun_name(x, y):
z = x + y                      # 应该加缩进
return z                       # 应该加缩进

报错信息:
IndentationError: expected an indented block
```

程序处理过程中,不能出现除法运算的分母为零的情况,否则会报除零异常(ZeroDivisionError),如果出现此类错误,可以查看对应位置是否因为计算问题出现了除数为零的情况,程序中分母的表达式很可能是比较复杂的,或者是循环中出现了除数为零的情况,需要仔细地测试、检查,代码如例 7-4 所示。

【例 7-4】 除零异常代码示例。

```
print(20/0)

for i in range(1, 8):
    x = i ** 2/(i-4)
    print(x)
报错信息:
ZeroDivisionError: division by zero
```

一般当运算符两侧的运算对象不能进行该类运算时,或者参数传递类型不匹配时,系统会报类型异常(TypeError),代码如例 7-5 所示。

【例 7-5】 类型异常代码示例。

```
1+"1"                 # 数字与字符串类型不能加法运算
[1, 3] - 123          # 数字与列表类型不能减法运算
L = [1, 3, 4]
L.insert("0", 12)     # insert()方法第一个参数必须是 int 类型

报错信息:
TypeError: unsupported operand type(s) for +:"in" and "str"
TypeError: unsupported operand type(s) for -:"list" and "int"
TypeError: "str" object cannot be interpreted as an integer
```

当字符串、元组或者列表在进行单个元素的提取时,索引值如果大于最大正索引值或者小于最小负索引值,系统会报索引值越界异常(IndexError),代码如例 7-6 所示。

【例 7-6】 索引值越界异常代码示例。

```
L = [1, 2, 5]                 # 列表 L 的正索引值为 0,1,2,负索引为-1,-2,-3
print(L[3], L[-4])

报错信息:
IndexError: list index out of range
```

当查找字典的值时,如果键写错或者字典中没有这个键,系统都会报键异常(KeyError),代码如例 7-7 所示。

【例 7-7】 字典的键异常代码示例。

```
stu_info = ""name"":""小"",""age"": 18,""se"":""""}
print(stu_info""heigh""])                # 字典不存在""height""的键值对
报错信息:
KeyError:"heigh"
```

在进行函数的调用时,如果传入的参数是无效的,系统通常会报值异常(ValueError),代码如例 7-8 所示。

【例 7-8】 值异常代码示例。

```
x = int("12.3")               # int()函数不能将非数字型字符转换为整数
x = int("abc")

报错信息:
```

```
ValueError: invalid literal for int() with base 10:'12.3'
ValueError: invalid literal for int() with base 10:'abc'
```

如果用某类数据调用了该类数据没有的处理方法。例如，列表数据调用了字典或者集合的增加方法，数字调用了字符串的处理方法，系统会报属性异常（AttributeError），代码如例 7-9 所示。

【例 7-9】 属性异常代码示例。

```
num = 123
num.upper()                  # 整数 int 类型不能调用 upper()方法
L = [3,"abc", 43]
L.update([3, 4])             # 列表没有 update()方法

报错信息：
AttributeError: 'int' object has no attribute 'upper'
AttributeError: 'list' object has no attribute 'update'
```

7.1.2 异常的种类

表 7-1 给出的是目前 Python 中的所有异常类型，及其相应的异常描述信息，当程序出现各种异常时，可参考此表了解异常信息，能更快的定位到漏洞产生的位置和原因。7.1.1 节中给出的常见异常是需要熟练掌握的，以便于加快纠错速度，提高开发效率。

表 7-1 Python 异常

异常名称	描　　述
BaseException	所有异常的基类
SystemExit	解释器请求退出
KeyboardInterrupt	用户中断执行（通常是输入^C）
Exception	常规错误的基类
StopIteration	迭代器没有更多的值
GeneratorExit	生成器（generator）发生异常来通知退出
StandardError	所有的内建标准异常的基类
ArithmeticError	所有数值计算错误的基类
FloatingPointError	浮点计算错误
OverflowError	数值运算超出最大限制
ZeroDivisionError	除（或取模）零（所有数据类型）
AssertionError	断言语句失败
AttributeError	对象没有这个属性
EOFError	没有内建输入，到达 EOF 标记
EnvironmentError	操作系统错误的基类
IOError	输入/输出操作失败
OSError	操作系统错误
WindowsError	系统调用失败
ImportError	导入模块/对象失败
LookupError	无效数据查询的基类

续表

异常名称	描述
IndexError	序列中没有此索引(index)
KeyError	映射中没有这个键
MemoryError	内存溢出错误(对于 Python 解释器不是致命的)
NameError	未声明/初始化对象(没有属性)
UnboundLocalError	访问未初始化的本地变量
ReferenceError	弱引用(Weak reference)试图访问已经垃圾回收了的对象
RuntimeError	一般的运行时错误
NotImplementedError	尚未实现的方法
SyntaxError	Python 语法错误
IndentationError	缩进错误
TabError	Tab 和空格混用
SystemError	一般的解释器系统错误
TypeError	对类型无效的操作
ValueError	传入无效的参数
UnicodeError	Unicode 相关的错误
UnicodeDecodeError	Unicode 解码时的错误
UnicodeEncodeError	Unicode 编码时错误
UnicodeTranslateError	Unicode 转换时错误
Warning	警告的基类
DeprecationWarning	关于被弃用的特征的警告
FutureWarning	关于构造将来语义会有改变的警告
OverflowWarning	旧的关于自动提升为长整型(long)的警告
PendingDeprecationWarning	关于特性将会被废弃的警告
RuntimeWarning	可疑的运行时行为(runtime behavior)的警告
SyntaxWarning	可疑的语法的警告
UserWarning	用户代码生成的警告

7.2 异常处理

异常处理机制是为了避免程序发生异常，提前针对异常采取的措施。进行异常处理之后程序会按照预先设置好的处理方法对捕捉到的异常进行相应的处理，异常处理结束之后，程序仍旧可以正常运行。Python 中提供了 try-except 和 finally 来进行异常处理。

7.2.1 try-except

视频讲解

使用 try-except 结构进行异常处理时，把可能出现异常的代码块放入 try 语句当中，并且使用一个或者多个 except 语句块来处理不同的异常。

基本格式如下：

```
try:
        语句块 1
except ErrorName1:
```

```
        语句块 2
except ErrorName2 as e:
        语句块 3
...

except:
        语句块 4
else:
        语句块 5
```

上述结构会按照如下方式工作。

(1) 首先,执行 try 子句(在关键字 try 和关键字 except 之间的语句)。

(2) 如果没有异常发生,忽略 except 子句,执行 try 子句后结束。

(3) 如果在执行 try 子句的过程中发生了异常,那么 try 子句余下的部分将被忽略。如果异常的类型和 except 之后的名称相符,那么对应的 except 子句将被执行。

(4) 如果异常没有与任何的 except 匹配,那么这个异常将会传递给上层的 try 中。

(5) 若有 else 子句,则当没有发生异常时会执行 else 子句里面的程序。

一个 try 语句可能包含多个 except 子句,分别来处理不同的异常。最多只有一个分支会被执行。处理程序将只针对对应的 try 子句中的异常进行处理,而不是其他的 try 的处理程序中的异常。

一个 except 子句也可以同时处理多个异常,这些异常将被放在一个括号里成为一个元组。语法格式如下:

```
except(RuntimeError, TypeError, NameError):
    print("捕捉多个异常")
```

使用单个 except 子句,捕捉异常,代码如例 7-10 所示。

【例 7-10】 单个 except 子句处理异常代码示例。

```
def mean_points(score=[],names=[]):
    try:
        all_score = sum(score)
        mean_score = all_score/len(names)
        print('学生评均分是:%.2f'%mean_score)
except ZeroDivisionError:
        print('出现了 0 被除的情况,很可能是没有添加学生名字列表')
    else:
        print('运行成功')
score = [83,78,69,93,57]
mean_points(score)用一个 except 子句的异常处理结构:
```

程序不会报错而停止,例 7-10 代码输出结果如下:

```
出现了 0 被除的情况,很可能是没有添加学生名字列表
```

使用多个 except 子句的异常处理结构,代码如例 7-11 所示。

【例 7-11】 多个 except 处理异常代码示例。

```
def mean_points(score=[],names=[]):
    try:
        all_score = sum(score)
        mean_score = all_score/len(names)
        print('学生平均分是:%.2f'%mean_score)
        for i in range(len(score)):
            print('%s 比平均分高:%d' % (names[i], score[i]-mean_score))
    except ZeroDivisionError:
        print('出现了 0 被除的情况,很可能是没有添加学生名字列表')
    except IndexError:
        print("出现了索引值越界的问题,请详细检查.")
    except BaseException as e:
        print('出现了%s 错误,请仔细检查' % e)
    else:
        print('运行成功')
score = [83,78,69,93,57]
names = ['小张','小明','小李','小陈']
mean_points(score,names)
```

输出结果如下：

```
学生平均分是:95.00
小张比平均分高:-12
小明比平均分高:-17
小李比平均分高:-26
小陈比平均分高:-2
出现了索引值越界的问题,请详细检查。
```

异常没有被第一个子句捕捉到，但是被第二个子句捕捉到了，所以程序正常执行。

设置多个 except 子句时可以将 BaseException 或者 Exception 作为最后子句，这样即使前面的子句没有捕捉到异常，最后也会被 BaseException 或者 Exception 捕捉到。

7.2.2　finally

关键字 finally 也是和 try-except 结合使用的结构，跟 else 不同的是，无论会不会发生异常，finally 的语句块都会被执行。

基本格式如下：

```
try:
    语句块 1
except ErrorName1:
    语句块 2
except ErrorName2 as e:
    语句块 3
...
finally:
    语句块 4
```

代码如例 7-12 所示。

【例 7-12】　关键字 finally 的使用代码示例。

```
import datetime
def mean_points(score=[],names=[]):
    try:
        all_score = sum(score)
        mean_score = all_score/len(names)
        print('学生评价分是:%.2f'%mean_score)
        for i in range(len(score)):
            print('%s 比平均分高:%d'%(names[i],score[i]-mean_score))
    except ZeroDivisionError:
        print('出现了 0 被除的情况,很可能是没有添加学生名字列表')
    except BaseException as e:
        print('出现了%s 错误,请仔细检查'%e)
    finally:
        print('现在的时间是:%s'%datetime.datetime.today())

score = [83,78,69,93,57]
names = ['小张','小明','小李','小陈','小王']
mean_points(score,names)
mean_points(score)
```

输出结果如下：

```
学生评价分是:76.00
小张比平均分高:7
小明比平均分高:2
小李比平均分高:-7
小陈比平均分高:17
小王比平均分高:-19
现在的时间是:2021-10-27 12:38:49.998977
出现了 0 被除的情况,很可能是没有添加学生名字列表
现在的时间是:2021-10-27 12:38:49.998977
```

第一次调用 mean_points(score,names)时，参数传递正确，不会发生异常，打印出了时间；第二次调用 mean_points(score)，参数为传递姓名，发生异常，仍旧打印出时间。说明 finally 都执行了。

不管异常发生与否，finally 子句的内容一定会被执行，所以实际程序编写中，如果有部分代码不管异常发生与否，都需要被执行，则可以考虑放在 finally 子句中。

7.3 抛出异常

Python 中为避免程序出现更严重的漏洞，可以使用 raise 语句主动地抛出异常，还可以使用断言语句 assert 语句来确保程序在正确的情况下运行。

7.3.1 raise 语句

使用 raise 语句可以直接触发异常，终止程序运行，基本格式如下：

```
raise [Exception [, args ]]
```

其中 Exception 是异常的类型，args 是异常的参数值，一般不用设置，默认值为 None。

沿用 7.2 节求平均成绩的案例，使用 raise 语句主动抛出异常，代码如例 7-13 所示。

【例 7-13】 关键字 raise 的使用代码示例。

```
import datetime
def mean_points(score=[], names=[]):
    try:
        all_score = sum(score)
        mean_score = all_score / len(names)
        if mean_score > 100:
            raise ValueError('分数输入有误,请仔细检查')
        print('学生评价分是:%.2f' % mean_score)
        for i in range(len(score)):
            print('%s 比平均分高:%d' % (names[i], score[i] - mean_score))
    except ValueError as e:
        print(e)
    finally:
        print('现在的时间是:%s' % datetime.datetime.today())

score = [183, 178, 69, 93, 57]
names = ['小张','小明','小李','小陈', '小王']
mean_points(score, names)
```

输出结果如下：

```
分数输入有误,请仔细检查
现在的时间是:2021-10-27 12:52:41.374689
```

两个分数 183 和 178 导致平均分超过了 100，因为平均分超过 100，后面的计算已经没有意义，所以直接使用 raise 语句抛出异常，并使用后面的 except 子句，捕捉对应异常后给予相应的错误提示。

7.3.2 assert 语句

assert(断言)语句用于判断一个表达式，在表达式条件为 False 的时候触发异常。使用断言语句可以在条件不满足程序运行的情况下直接返回错误，而不必等待程序运行后出现崩溃的情况。

语法格式如下：

```
assert expression
```

(1) 表达式如果返回 True，程序继续运行。

(2) 表达式如果返回 False，抛出 AssertionError 异常。

等价于：

```
if not expression: 表达式不成立时,触发断言异常
    raise AssertionError
```

assert 后面也可以紧跟参数：

```
assert expression [, arguments]
```

等价于：

```
if not expression:
    raise AssertionError(arguments)                # 参数用来进行异常信息的解释说明
```

以下是 assert 的简单应用，代码如例 7-14 所示。

【例 7-14】 关键字 assert 的简单应用代码示例。

```
>>> assert True                  # 条件为 True,正常执行
>>> assert False                 # 条件为 False,触发异常
Traceback(most recent call last):
  File "<stdin>", line 1, in <module>
AssertionError

>>> assert 1==1                  # 条件为 True,正常执行
>>> assert 1==2                  # 条件为 False,触发异常
Traceback(most recent call last):
  File "<stdin>", line 1, in <module>
AssertionError

>>> assert 1==2, '1 不等于 2'
Traceback(most recent call last):
  File "<stdin>", line 1, in <module>
AssertionError: 1 不等于 2
```

例如，根据年龄判断是否可以在网吧上网，使用 assert 断言语句来进行判定，代码如例 7-15 所示。

【例 7-15】 assert 的使用代码示例。

```
try:
    age = int(input("请输入您的你年龄:"))
    assert age >= 18, "您还未成年,不能上网!"
    print("您可以上网,但请注意不要沉迷于游戏!")
except AssertionError as e:
    print(e)
```

第三行代码中“assert age >= 18,"您还未成年，不能上网！"”，程序的逻辑流程是如果年龄大于或等于 18 岁程序正常运行，输出“您可以上网，但请注意不要沉迷于游戏！”，如果小于 18 岁，会抛出 AssertionError 断言异常，然后被 except 子句捕捉到，输出“您还未成年，不能上网！”。

例 7-15 代码输出结果如下：

```
请输入您的你年龄:10
您还未成年,不能上网!

请输入您的你年龄:20
您可以上网,但请注意不要沉迷于游戏!
```

7.4　代码调试

1. 设置断点

使用 PyCharm 进行代码调试的第一步，单击程序左侧与行号的中间空白处，会出现一个红色圆点，用来标记一行待挂起的代码，当调试程序运行到断点处时，程序会在断点处停止，用于观察变量等信息，如图 7-1 所示。

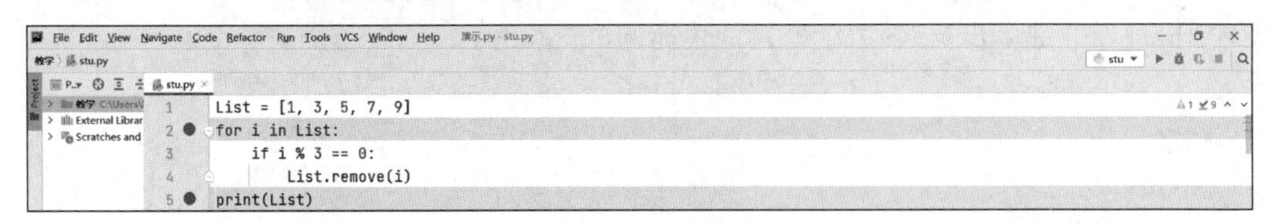

图 7-1　设置断点

2. 调试

右击程序编辑区，在弹窗内选择 Debug 选项，进入调试界面，如图 7-2 所示。

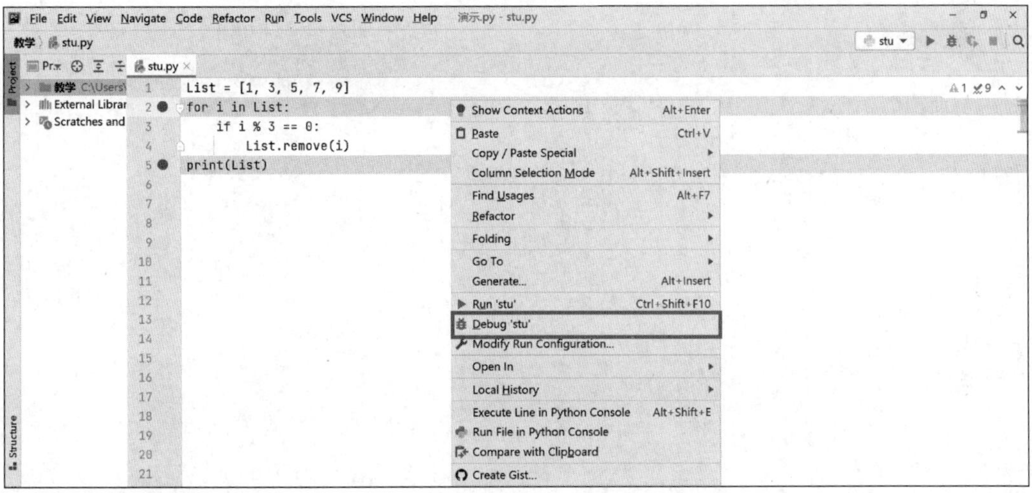

图 7-2　Debug 调试

进入调试界面后，可以使用不同的快捷键进行不同方式的调试，如表 7-2 所示。

表 7-2　PyCharm 调试快捷键

快　捷　键	作　　用
F7	step into 进入。按顺序逐行停止，如果遇到函数调用，会进入函数内，并在调试界面中显示运行该行代码后的变量信息
F8	step over 单步。与 F7 相似，但如果程序遇到函数时，不会进入函数中，会直接跳过该函数，执行其后的代码
F9	resume program 运行到下一断点处，适合快速调试
Shift+F8	跳出函数。当进入函数内时，可以使用快捷键跳出函数

快捷键调试不仅可以进行代码调试，而且可以用来辅助理解代码的运行流程。使用单步调试，可以看到程序每一步的变量变化信息，帮助理解复杂代码。另外，输出函数 print()

也可以通过输出想看到的变量信息，来进行代码的调试和程序的理解。

本章小结

本章主要讲解两部分，第一是 Python 的异常和处理机制，包括常见的异常信息、Python 的标准异常、try-except、finally 异常处理、raise 和 assert 异常抛出。第二是异常的调试，常规可以用输出函数 print()，输出变量信息来进行调试，如果运用 PyCharm 调试功能，有 F7 和 F8 键单步调试以及 F9 键的快捷调试。

面向对象编程

学习目标

➢ 理解面向过程和面向对象编程的思想。

➢ 理解类和对象的概念，能够进行类的抽象设计。

➢ 掌握类和对象的创建。

➢ 掌握类的方法和属性的用法。

➢ 掌握类的封装、继承和多态的概念及其用法。

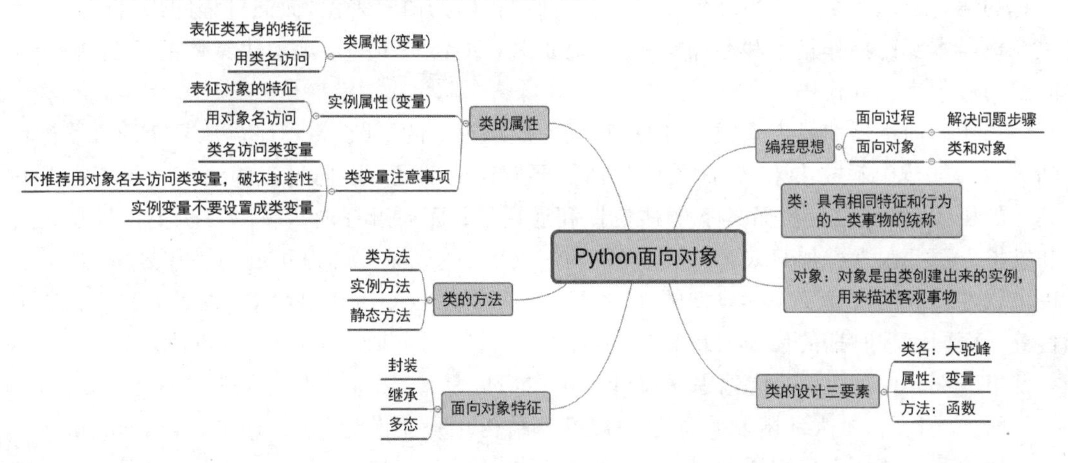

面向对象程序设计（Object Oriented Programming，OOP）的思想主要是在编程语言发展过程中，面对软件业务需求越来越大、功能越来越复杂的软件危机，而逐步成熟的新的编程思想。这种思想可以快速地、高效地进行软件开发。因为这种思想较为自然地模拟了人类对客观世界的认识，成为当前软件工程学的主流方法。它使得软件设计更加灵活，支持代码复用和设计复用，代码具有更好的可读性和可扩展性，大幅度降低了软件开发的难度。Python 是真正面向对象的高级动态编程语言，完全支持面向对象的基本功能，如封装、继承、多态以及对基类方法覆盖或重写。学习 Python 程序设计，掌握面向对象编程思想至关重要。通过本章的学习，能够初步建立面向对象编程的思想，并熟悉运用此类思想进行有效的程序开发。

8.1 理解面向对象思想

8.1.1 编程思想发展简介

1940 年以前，编程的思想是面向机器的。最早的程序设计都是采用机器语言来编写的，直接使用二进制码来表示机器能够识别和执行的指令和数据。简单来说，就是通过0和1的序列来代表程序语言。例如，使用0000代表加载功能、0001代表存储功能等。

机器语言由机器直接执行，速度非常快，但有一个很明显的缺点是：开发非常困难，一旦发现程序错误，想要进行修改会非常麻烦。这样直接导致程序编写效率十分低下，编写程序花费的时间往往是实际运行时间的几十倍甚至几百倍。

为了让程序编写起来更为简单，从机器语言的基础上发展出了汇编语言。汇编语言亦称符号语言，用助记符代替机器指令的操作码，用地址符号（Symbol）或标号（Label）代替指令或操作数的地址。汇编语言由于采用了助记符号来编写程序，相对于机器语言的二进制代码编程更方便，在一定程度上简化了编程过程。例如，用LOAD来代替0000，使用STORE来代替0001。即使汇编语言相比机器语言提升了可读性，但其本质上还是一种面向机器的语言，编写同样困难且容易出错。

机器语言时代的代表人物是冯·诺依曼（John von Neumann），被称为“现代计算机之父”。

脱离机器第一步：面向过程、面向机器的语言通常情况下被认为是一种“低级语言”，为了解决面向机器的语言存在的问题，计算机科学的前辈们又创建了面向过程的语言。面向过程的语言被认为是一种“高级语言”，相比面向机器的语言来说，面向过程的语言已经不再关注机器本身的操作指令和存储等方面，而是关注如何一步一步地解决具体的问题，即面向问题的过程来设计代码。

相比面向机器的思想来说，面向过程是一次思想上的飞跃，将程序员从复杂的机器操作和运行的细节中解放出来，转而关注具体需要解决的问题；面向过程的语言也不再需要和具体的机器设备绑定，从而具备了移植性和通用性；面向过程的语言本身也更加容易编写和维护。这些因素叠加起来，大大减轻了程序员的负担，提升了程序员的工作效率，从而促进了软件行业的快速发展。典型的面向过程的语言有：COBOL、FORTRAN、BASIC、C语言等。面向过程时期的代表人物是“C语言之父”——丹尼斯·里奇（Dennis Ritchie）。

第一次软件危机：结构化程序设计。根本原因是一些面向过程语言中的goto语句导致的面条式代码，极大地限制了程序的规模。结构化程序设计（structured programming），是一种编程范式。它采用子程序（函数就是一种子程序）、代码区块、for循环以及while循环等结构，来替换传统的goto语句。希望借此来改善计算机程序的明晰性、质量以及开发时间，并且避免面条式代码弊端。

当代科学技术的发展促使计算机硬件的飞速发展，同时应用复杂度越来越高，软件规模越来越大，原有的程序开发方式已经越来越不能满足需求了。20世纪60年代爆发了第一次软件危机，典型表现有软件质量差、项目无法如期完成或者项目严重超支等，因为软件而导致的重大事故时有发生。软件危机最典型的例子莫过于IBM公司的System/360的操作系统开发，整个过程共花费了5000人一年的工作量，写出将近100万行的源代码，总共投入5亿美元。尽管投入如此巨大，但项目进度却一再延迟，软件质量也得不到保障。

为了解决软件危机问题，提出了有针对性的解决方法，即“软件工程”。虽然“软件工程”提出之后也曾被视为软件领域的“银弹”，但后来事实证明，“软件工程”同样无法解决软件危机。差不多同一时间，“结构化程序设计”作为另外一种解决软件危机的方案被提出来。第一个结构化的程序语言Pascal也在此时诞生，并迅速流行起来。

结构化程序设计的主要特点是抛弃goto语句，采取“自顶向下、逐步细化、模块化”的指导思想。结构化程序设计本质上还是一种面向过程的设计思想,但通过“自顶向下、逐步细化、模块化”的方法,将软件的复杂度控制在一定范围内,从而在整体上降低了软件开发的复杂度。结构化程序设计是面向过程设计思想的一个改进,使得软件开发更加符合人类思维的特点。

第二次软件危机:面向对象的程序设计。结构化编程的风靡在一定程度上缓解了软件危机,然而好景不长,随着硬件的快速发展,业务需求越来越复杂,以及编程应用领域越来越广泛,第二次软件危机很快就到来了。

第二次软件危机的根本原因还是在于软件生产力远远跟不上硬件和业务的发展,相比第一次软件危机主要体现在“复杂性”,第二次软件危机主要体现在“可扩展性”和“可维护性”上面。传统的面向过程(包括结构化程序设计)方法已经越来越不能适应快速多变的业务需求了,软件领域迫切希望找到新的银弹来解决软件危机,在这种背景下,面向对象的思想开始流行起来。

面向对象的思想并不是在第二次软件危机后才出现的,早在1967年的Simula语言中就开始提出来了,但第二次软件危机促进了面向对象的思想的发展。面向对象的思想真正开始流行是在20世纪80年代,主要得益于C++的功劳,后来的Java、C#把面向对象的思想推向了新的高峰。到现在为止,面向对象的思想已经成为了主流的开发思想。和面向过程相比,面向对象的思想更加贴近人类思维的特点,更加脱离机器思维,是一次软件设计思想上的飞跃。

8.1.2 面向过程与面向对象

1. 面向过程编程

面向过程编程(procedure oriented programming,POP)其实是最为实际的一种思考方式,就算是面向对象的方法中也是含有面向过程的思想。可以说面向过程是一种基础的方法。它考虑的是实际地实现。一般的面向过程是从上往下步步求精,所以面向过程最重要的是模块化的思想方法。面向过程编程的一般步骤如图8-1所示。

图8-1 面向过程编程步骤

面向过程开发的特点如下。

(1) 注重过程和步骤,不注重职责分工。

(2) 需求复杂,代码会变得非常复杂。

(3) 开发复杂大型项目,没有固定模式,开发难度大。

(4) 适合进行算法研究和底层框架开发。

接下来以五子棋的面向过程开发为例,了解面向过程的开发过程。

面向过程的设计思路是首先分析问题的步骤:①开始游戏;②黑子先走;③绘制画面;④判断输赢;⑤轮到白子;⑥绘制画面;⑦判断输赢;⑧若无输赢;返回步骤②继续循环,直到最后输出结果。把上面每个步骤用对应的函数来实现,问题就解决了,如图8-2所示。

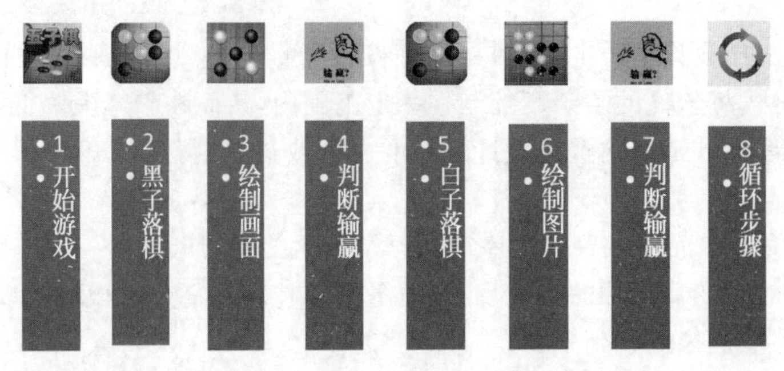

图 8-2 面向过程的五子棋开发

2. 面向对象编程

面向对象编程(object oriented programming，OOP)的主要思想是把构成问题的各个事务分解成各个对象，建立对象的目的不是为了完成一个步骤，而是为了描述一个事务在整个解决问题的步骤中的行为。面向对象编程的一般步骤如图 8-3 所示。

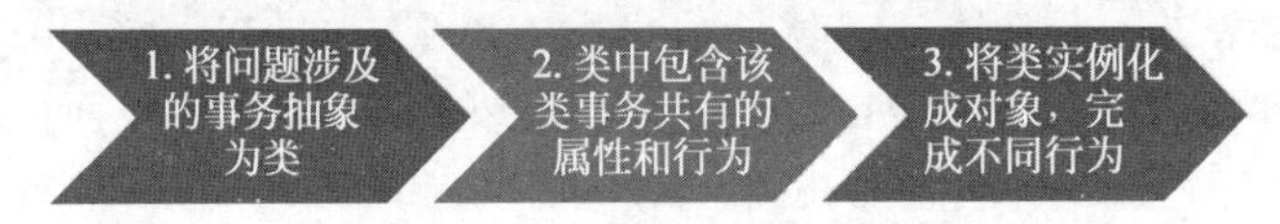

图 8-3 面向对象编程步骤

面向对象的开发的特点如下。

(1) 注重类和对象，不同的对象有不同的行为。

(2) 适合大型复杂项目分布式开发，加快效率。

(3) 有固定模式，开发难度相对轻松。

接下来以五子棋的面向对象开发为例，了解面向对象的开发过程。

面向对象的设计是用另外的思路来解决问题。整个五子棋可以分为：

(1) 黑白双方，这两方的行为是一模一样的；

(2) 棋盘系统，负责绘制画面；

(3) 规则系统，负责判定诸如犯规、输赢等。

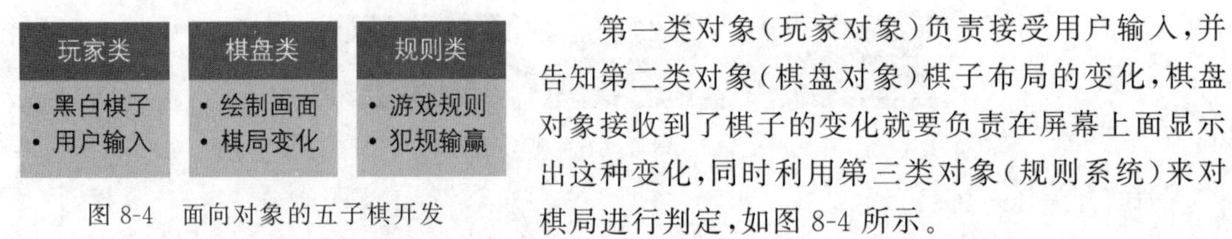

图 8-4 面向对象的五子棋开发

第一类对象(玩家对象)负责接受用户输入，并告知第二类对象(棋盘对象)棋子布局的变化，棋盘对象接收到了棋子的变化就要负责在屏幕上面显示出这种变化，同时利用第三类对象(规则系统)来对棋局进行判定，如图 8-4 所示。

不管是面向过程还是面向对象其实都是解决问题的思维方式，都是代码组织的方式。一般来讲，解决简单问题可以使用面向过程。而解决复杂问题的时候：宏观上使用面向对象解决，但是微观细节处理上仍然使用面向过程。

8.2 类和对象

8.2.1 类的概念

在面向对象中，最基础也是最为重要的两个概念是类和对象。在学习面向对象其他内容之前，要先将类和对象的概念理解透彻，才能更加灵活有效地使用面向对象的思想进行编程开发。

类是具有相同特征和行为的一类事物的统称。它是抽象的，不能直接使用。在类的创建过程中会将事物的特征映射成为一个一个的属性，用来从不同的维度刻画客观事物。另外，会将事物的行为映射成为一个一个的方法，用来描述事物的动态变化。

类相当于是一个模板，专门用来创建对象的。好比建造房子时对应的设计图纸。

8.2.2　对象的概念

对象是由类创建出来的实例，用来描述客观事物，是具体的，可以直接使用。由类创建出来的对象拥有该类定义的属性和方法。一个类可以创建出多个对象，不同的对象对应的属性值各有不同。

如果说类是建造房屋的图纸，那么对象就是按照图纸建造出来的房子，有了具体的颜色、高度和功能等。

8.2.3　类的设计

一个好的软件产品离不开功能的设计，一个好的数据库离不开数据表的设计，同样在面向对象编程过程中，类的设计的好坏会直接影响整个项目的开发进度和效率。而在进行类的设计时要从类的三要素(类名、类的属性和类的方法)着手进行。

其中，类名：在 Python 中类名一般采用的是大驼峰的命名方式，如 MyFamily、YourName。类的属性：通过对客观事物的分析，将某类事物的特征抽象为类的属性，而每一种属性在类中的表现形式就是一个个的变量。类的方法：也是经过对客观事物的分析之后，将某类事物的行为抽象为类的方法，方法简单来讲其实就是定义在类中的函数，都是用 def 关键字进行定义，每一个行为在类中的表现形式其实就是一个个的方法。

例如，现有如下场景：一只黄色小狗，名字叫 Tom，对陌生人汪汪叫，对主人会摇尾巴。要将场景中描述的内容抽象成为类，可以抽取类名为犬类(Dog)，类的属性有姓名(name)和颜色(color)，类的方法有叫(speak)和摇(shake)。对应的类的结构如图 8-5 所示。

另一个场景：银行职员小明，工号 a2567，工资 8000 元/月，每天打卡上班，月末根据绩效领取工资。可以抽取类名为员工类(BankEmployee)，类的属性有姓名(name)、工号(emp_num)和工资(salary)，类的方法有打卡(check_in)和领取工资(get_salary)。对应的类的结构如图 8-6 所示。

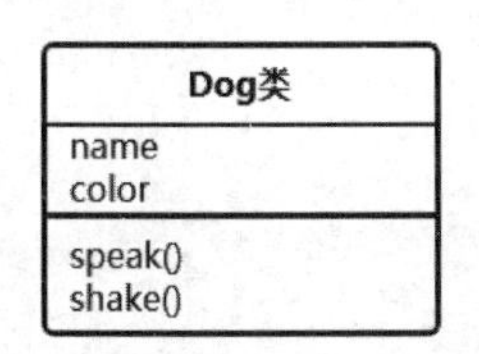

图 8-5　Dog 类结构图

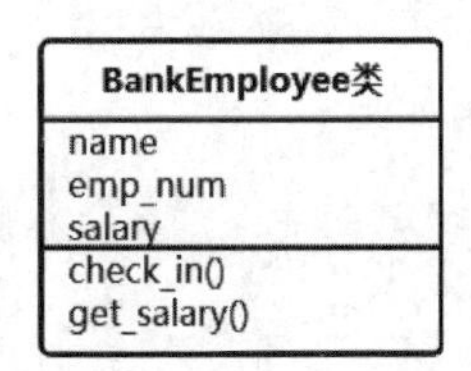

图 8-6　BankEmployee 类结构图

在面向对象编程中，能有效地提取出合适的属性和编写出高效合理的方法对于整个开发是最为重要的环节。所以面向对象编程一定要注重类的设计能力的培养。

8.2.4 类和对象的创建

Python 中使用 class 关键字来定义类，其基本语法是：

```
class 类名():
    类的属性
    类的方法
```

类名使用单词首字母大写的驼峰命名方法。类名后面的括号是用来表示继承关系的，所以当类不需要继承其他自定义的类时，可以省略不写。而继承的概念会在后续的章节详细介绍。括号后面用冒号结尾，并开始类的属性与方法的定义。代码如例 8-1 所示。

【例 8-1】 类和对象的创建代码示例。

```
# 类名:1. 见名知义;2. 大驼峰命名风格
class Person:
    # 类的属性
    country = "A 国"

    # 类的方法
    def run(self):
        print("您坚持运动,身体变得更健康啦!")

    def eat(self):
        print("您因为吃了食物,变胖了")

    def home(self):
        print("我是一名{}公民。".format(Person.country))
```

当类定义完成之后，便可以用类来实例化对象。创建方式如下：

```
对象名 = 类名()
```

如果类中的构造方法__init__()有对应的实例属性，则创建对象时还需要给实例属性进行初始化。

创建好对象之后，访问类的属性和方法的格式如下：

```
对象名.属性名
对象名.方法名()
```

对象创建示例如下：

```
stu1 = Person()                # 创建第一个对象
stu2 = Person()                # 创建第二个对象
print(stu1, stu1.country)      # 打印对象 stu1,并访问 country 属性
print(stu2, stu2.country)      # 打印对象 stu2,并访问 country 属性
stu1.run()                     #对象 stu1 访问 run()方法
stu1.eat()                     #对象 stu1 访问 eat()方法
stu2.home()                    #对象 stu2 访问 home()方法
```

示例 8-1 代码输出结果如下：

```
<__main__.Person object at 0x000001B873478B38> A 国
<__main__.Person object at 0x000001B873478D68> A 国
您坚持运动,身体变得更健康啦!
您因为吃了食物,变胖了
我是一名 A 国公民。
```

打印对象时,输出的是创建对象的类名和对象所处的内存单元地址。创建的多个对象都可以访问该类中的属性和方法。具体知识点将在本章进行讲解。

8.3 方法

面向对象编程中,类的方法用来描述行为,根据使用方式的不同可以大致分为实例方法、类方法和静态方法。

8.3.1 实例方法

在类的内部,使用 def 关键字来定义一个方法,与一般函数定义不同,类的实例方法必须包含参数 self,且为第一个参数,self 代表的是类的实例。一般方法体涉及需要访问修改实例属性的值,那么可以将该方法定义为实例方法,而且来定义类的方法时,更多的场景是实例方法的定义,另外两类方法相对使用会少一些。在类的外部用对象名可以访问。其语法格式如下:

```
def 方法名(self,方法参数):
    方法体
    return 返回值
```

语法说明如下:

(1) 实例方法必须创建在类中。

(2) 方法第一个参数是 self,代表对象本身。

(3) "return 返回值"可有可无,与定义函数相同。

扩展 Person 类中的实例方法 run()方法和 eat()方法,代码如例 8-2 所示。

【例 8-2】 实例方法代码示例。

```
class Person:
#8.4 节介绍实例属性,可进一步学习实例方法的应用
    def __init__(self, name, weight):
        self.weight = weight
        self.name = name

    def eat(self, food):                    # 第一个参数必须是 self
        if food == "零食 1":
            self.weight += 0.1
        elif food == "零食 2":
            self.weight += 2
        print("{}因为吃了{},变胖了,目前体重是{}千克".format(self.name, food, self.weight))
```

```
    # self: 代表对象本身
    def run(self):
        self.weight -= 1.5
        print("{}运动之后,体重减轻了,目前体重是{}千克".format(self.name, self.weight))

stu1 = Person("小李", 50)        # 初始化 stu1 对象体重为 50
stu2 = Person("小陈", 60)        # 初始化 stu2 对象体重为 60
stu1.run()                       # 调用实例方法时,不需要给 self 传递参数,self 自动获取调
                                 # 用对象的地址

stu1.eat("零食 1")
stu2.eat("零食 2")
```

输出结果如下：

```
小李运动之后,体重减轻了,目前体重是 48.5 千克
小李因为吃了零食 1,变胖了,目前体重是 48.6 千克
小陈因为吃了零食 2,变胖了,目前体重是 62 千克
```

当 Person 类对象调用 run()方法和 eat()方法时，self 会自动获取对象的地址，所以不需要给实例方法的 self 传参。当 stu1 调用 run()方法时，小李体重变为了 48.5 千克，之后又吃冰淇淋体重变为了 48.6 千克，这不会影响到 stu2 对象的体重，对象之间的存储空间是相互独立的。当用 stu2 调用 eat()方法是，self 获取的是 stu2 的地址，小陈的体重变为了 62 千克。简单来讲 self 的作用就是通过获取地址，可以知道是哪一个实例对象在调用自己，让每个对象的属性值互不影响，相互独立。

8.3.2 类方法

在 Python 中，类方法要使用修饰器@classmethon 来标识，其语法格式如下：

```
class 类名:
    @classmethon
    def 类方法名(cls):
    方法体
```

上述格式中，类方法的第 1 个参数为 cls，它代表类本身，可以通过 cls 来访问类的属性。一般如果某个方法体只涉及访问类属性，那么可以将这种方法定义成类方法。在类的外部，可以通过对象名和类名访问类方法，代码如例 8-3 所示。

【例 8-3】 类方法代码示例。

```
class Person:
    home = "A 市"

    @classmethod
    def change_home(cls, new_home):
        cls.country = new_home
        print("恭喜您已更改户籍地为{}".format(cls.country))

stu1 = Person()
stu1.change_home("B 市")
```

输出结果如下：

```
恭喜您已更改户籍地为 B 市
```

8.3.3　静态方法

在 Python 中，静态方法要使用修饰器@staticmethon 来标识，其语法格式如下：

```
class 类名:
    @staticmethon
    def 静态方法名():
    方法体
```

上述格式中，静态方法的参数列表中没有任何参数，这就是它跟前面所学的实例方法的不同。

没有 self 参数，这一点也导致其无法访问类的实例属性；也没有 cls 参数，导致它也无法访问类属性。

通过以上的描述，可以从中得出结论：静态方法与定义它的类没有直接关系，只是起到类似于函数的作用。使用静态方法可以通过以下两种方式：一是可以通过对象名调用；二是可以通过类名调用，代码如例 8-4 所示。

【例 8-4】 静态方法代码示例。

```
class Person:

    @staticmethod
    def run(time):                    # time:跑百米所需时间
        speed = 100/time
        print("您的百米跑步平均速度是{:.3f}m/s".format(speed))


# 对象的创建:对象名 = 类名()
person1 = Person()
person1.run(13)
Person.run(14)
```

输出结果如下：

```
您的百米跑步平均速度是 7.692m/s
您的百米跑步平均速度是 7.143m/s
```

静态方法是类中的函数，不需要实例。静态方法主要是用来存放逻辑性的代码，逻辑上属于类，但是和类本身没有关系，也就是说在静态方法中，不会涉及类中的属性和方法的操作。可以理解为，静态方法是个独立的、单纯的函数，它仅仅托管于某个类的名称空间中，便于使用和维护。

通过对三种方法的介绍，一般在如下场景中使用对应方法。

(1) 需要操作实例属性值时，使用实例方法，一般来讲，实例方法在面向对象中是最常用的方法。

(2) 当方法中只涉及需要操作类属性值时，可以使用类方法。

(3) 需要提供一些功能，但不需要操作类属性和实例属性时，使用静态方法。

8.4 属性

面向对象中的属性是用来刻画事物特征的，可以分为实例属性和类属性，而属性在程序中是用变量来表征的，所以也是实例变量和类变量。

8.4.1 实例属性

实例属性用来刻画实例对象的特征，在类的内部用 self 进行访问，且定义在构造方法__init__()中。在类外部可用对象名访问，代码如例 8-5 所示。

【例 8-5】 构造方法创建实例属性代码示例。

```
class Person:
    def __init__(self, weight):
        self.weight = weight
stu = Person(50)
print(stu.weight)                    # 50
```

由例 8-5 可以看出，实例属性是要定义在构造方法__init__()中的，用来对各个实例对象进行初始化，并且在创建对象时会自动调用。其定义的语法格式如下：

```
def __init__(self, [arg1, arg2,…]):
        self.arg1 = value1
        self.arg2 = value2
        …
```

(1) 实例属性定义在__init__()方法中。

(2) self.参数名 = 值：将形参数据存储到对象空间。

(3) 类内部使用 self.变量名，访问实例变量。

上述方法由双下划作为前缀和后缀的方法，称为类的专有方法，可以用 dir()函数进行查看。类的专有方法如表 8-1 所示。

表 8-1 类的专有方法

方 法	说 明	方 法	说 明
__init__	构造方法，在生成对象时调用	__setitem__	按照索引赋值
__del__	析构方法，释放对象时使用	__getitem__	按照索引获取值
__str__	打印字符串	__len__	获取长度
__cmp__	比较运算	__call__	函数调用
__add__	加运算	__sub__	减运算
__mul__	乘运算	__truediv__	除运算
__mod__	求余运算	__pow__	乘方

例如，最常用的__init__()、__del__()和__str__()方法，代码如例 8-6 所示。

【例 8-6】 类的专有方法代码示例。

```
class Person:
    # 构造方法在创建对象时自动调用
    def __init__(self, name, age, weight):
        self.name = name
        self.age = age
        self.weight = weight

    # 在删除对象或者整个程序结束时自动调用
    def __del__(self):
        print("我是{},我的内存空间将被系统收回。".format(self.name))
    # 在打印对象时自动调用
    def __str__(self):
        return "我叫{},今年{}岁,体重{}千克".format(self.name, self.age, self.weight)


person1 = Person("小李", 18, 50)
person2 = Person("小陈", 25, 65)
print(person1)
print(person2)
```

输出结果如下：

```
我叫小李,今年 18 岁,体重 50 千克
我叫小陈,今年 25 岁,体重 65 千克
我是小李,我的内存空间将被系统收回。
我是小陈,我的内存空间将被系统收回。
```

在创建 person1 和 person2 对象时,系统会自动调用构造方法,分别对两个对象进行初始化,所以程序结果输出了字符串"小李出生了"和"小陈出生了",说明肯定是运行了__init__方法。

然后用 print()函数打印两个对象时,不再是之前打印出对象地址了,而是打印出__str__()方法中对应的字符串信息,而此方法就是专用来返回一个字符串,描述对象基本信息的。

在最后程序结束后,还打印出了“我是小李,我的内存空间将被系统收回。”和“我是小陈,我的内存空间将被系统收回。”,说明执行了析构方法__del__(),而析构方法正是用来进行对象删除和程序运行结束销毁对象收回内存空间的。

除了这三种常用的类的专有方法,还有很多其他具有特定功能的方法,大家可以在今后进一步了解各专有方法的作用和使用场景。

8.4.2 类属性

在 Python 中,类本身其实也是一种对象,都继承于 object 类,而类属性就是用来刻画类对象的特征的,在类的内部用类名进行访问,直接定义在类的内部即可。在类外部可用对象名访问,也可以用类名访问,但建议类属性用类名进行访问。因为类名访问类属性可以直接修改类属性的值,但是实例对象访问类属性,修改值的时候无法直接修改,而会在对象内存空间中新建一个与类属性名同名的变量,代码如例 8-7 所示。

【例 8-7】 类属性代码示例。

```
class Person:
    country = "A国"

    def home(self):
        print("我是一名{}公民。".format(Person.country))


person1 = Person()
person2 = Person()
print("使用实例对象调用类变量", person1.country, person2.country)
print("使用类对象调用类变量", Person.country)
person1.home()
person1.country = "B国"
print("使用实例对象调用类变量", person1.country, person2.country)
print("使用类对象调用类变量", Person.country)
person1.home()
```

输出结果如下：

```
使用实例对象调用类变量 A国 A国
使用类对象调用类变量 A国
我是一名A国公民。
使用实例对象调用类变量 B国 A国
使用类对象调用类变量 A国
我是一名A国公民。
```

第一次用person1对象、person2对象和类名Person访问country类属性，访问的都是类Person存储空间下的country，所以输出都是A国。

执行程序person1.country="B国"后，此时系统会在person1对象的空间下面新建一个country的变量并赋值B国，所以再用对象person1访问country得到的结果是B国，用对象person2访问country时，因为对象之间的存储空间都是相互独立的，所以person2空间中没有country，访问的还是类Person空间下面的country，因此跟类名Person访问的结果一样，是A国。

而两次用person1调用home()方法，返回的都是A国，因为home()方法里面访问country都是用类名访问的，值并没有改变。

所以访问类属性建议用类名访问，访问实例属性用实例对象访问，这样不会产生混乱。

综合类和对象创建、方法和实例属性的讲解可以将所用案例结合成一个综合的案例，代码如例8-8所示。有助于更加全面的研究，并回顾、巩固整个基础知识点。

视频讲解

【例8-8】 完整的类与对象的创建与使用代码示例。

```
# 类的创建
class Person:
    # 类变量:表征类自身的特有属性
    country = "A国"
    number = 0

    # 实例变量:定义在构造方法当中的变量
    def __init__(self, name, age, weight):
```

```
        self.name = name
        self.age = age
        self.weight = weight
        Person.number += 1
        print("{}出生了,我是被创建的第{}个{}对象".format(self.name, Person.number,
Person.country))

    def __del__(self):
        print("我是{},我的内存空间将被系统收回。".format(self.name))

    def __str__(self):
        return "我叫{},今年{}岁,体重{}千克".format(self.name, self.age, self.weight)

    # 类的方法—>函数
    def eat(self, food):
        if food == "零食 1":
            self.weight += 0.1
        elif food == "零食 2":
            self.weight += 2
        print("您因为吃了零食,变胖了,目前的体重是{}千克".format(self.weight))

    def run(self): # self: 代表对象本身
        self.weight -= 1.5
        return "您运动之后,体重减轻了,目前体重是{}千克".format(self.weight)

    def home(self):
        print("我是一名{}公民。".format(Person.country))


# 对象的创建:对象名 = 类名()
person1 = Person("小李", 18, 50)
person2 = Person("小陈", 25, 65)
print(person1, person2)
person1.eat("零食 1")
person2.eat("零食 2")
person2.eat("零食 2")
person1.run()
print(dir(Person))
```

8.5 面向对象特征

面向对象语言除了类和对象、属性和方法这些基础知识,还有很多高阶的面向对象概念,其中最重要的三大特征是:封装、继承和多态。本节则主要讲解关于面向对象三大特征的概念与使用方法。

8.5.1 封装

在面向对象编程中,封装(encapsulation)就是将抽象得到的数据和行为(或功能)相结合,形成一个有机整体(即类)。封装的目的是增强安全性和简化编程,使用者不必了解具体的实现细节,而只要通过外部接口、特定的访问权限来使用类的成员。简而言之,隐藏属性、方法与方法实现细节的过程统称为封装。为了保护类内部的属性，避免外界任意赋值，可以采用以下方式实现：

(1) 在属性名或者方法名的前面加上“__”(两个下画线)，定义属性为私有属性或者私有方法。

(2) 通过在类内部定义两个方法供外界调用，实现属性值的设置及获取。

私有化的使用代码如例 8-9 所示。

【例 8-9】 私有化的使用代码示例。

```
class Person:
    def __init__(self, name, age, weight):
        self.name = name
        self.__age = age
        self.__weight = weight

    def __secret(self):
        return "我的年龄%d 和体重%.2f 千克是秘密，不方便透露。" % (self.__age, self.
__weight)

    def get__secret(self):
        print(self.__secret())


person1 = Person("小陈", 18, 62.5)
person2 = Person("小美", 18, 50)
print(person1.__age, person1.__secret())
```

输出结果如下：

```
AttributeError: 'Person' object has no attribute '__age'
```

因为将 age 属性和 secret()方法进行了私有化，所以在程序外部无法进行直接访问，进而系统产生属性异常。

为将上述例子进行更为合理地封装，需要设置相应的方法接口实现，实现的方式代码如例 8-10 所示。

视频讲解

【例 8-10】 封装代码示例。

```
class Person:
    def __init__(self, name, age, weight):
        self.__name = name
        self.__age = age
        self.__weight = weight

    def set_name(self, new_name):
        self.__name = new_name

    def get_name(self):
        return self.__name

    def set_age(self, new_age):
```

```
        self.__age = new_age

    def get_age(self):
        return self.__age

    def set_weight(self, new_weight):
        self.__age = new_weight

    def get_weight(self):
        return self.__weight

    def __secret(self):
        return "我的年龄%d 和体重%.2f 千克是秘密,不方便透露." % (self.__age, self.
__weight)

    def get_secret(self):
        print(self.__secret())

person1 = Person("小陈", 18, 62.5)
person2 = Person("小美", 18, 50)
print("我的名字叫%s" % person1.get_name())
person2.set_name("小花")
print("我的名字叫%s" % person2.get_name())
person1.get_secret()
person2.get_secret()
```

输出结果如下：

```
我的名字叫小陈
我的名字叫小花
我的年龄 18 和体重 62.50 千克是秘密,不方便透露。
我的年龄 18 和体重 50.00 千克是秘密,不方便透露。
```

修改后的程序中所有属性都进行了私有化，如__name、__age 等；但各个实例属性有获取值的方法接口，如 get_name、get_age 等；有修改属性值的方法接口，如 set_name、set_age 等。

这样做的好处是，在类的外部无法直接访问和修改类的内部成员，更加安全可靠。

当然 Python 中的私有化其实是一种伪私有化技术，程序员是可以通过特定方式访问私有化属性和方法的，但是建议一般不要使用，避免破坏类的封装特性。而访问私有化属性和方法的格式如下：

```
对象名._类名__私有变量名
对象名._类名__私有方法名()
```

例如，上述例子中访问私有化属性__name 和私有化方法__secret()格式是：

```
person1._Person__name
person1._Person__secret()
```

8.5.2 继承

面向对象的编程带来的主要作用之一是代码的重用，实现这种重用的方法之一是继承机制。类的继承是指在一个现有类的基础上构建一个新的类（派生类），构建出来的新类被称作子类，现有类被称为父类（基类），子类会自动拥有父类的属性和方法。

继承：一个派生类（derived class）继承基类（base class）的属性和方法。

简单来说，它们之间的关系是：派生类是由基类派生出来的，基类就是派生类的父类，而派生类就是基类的子类。

为了更好地学习继承，本节将从单继承、多继承及重写三个方面进行讲解。

1. 单继承

在 Python 程序中，单继承的语法格式如下：

```
class 子类名(父类名):
    pass
```

单继承指的是当前定义的子类只有一个父类。假设当前有两个类：father 和 son，其中 son 类是 father 类的子类，基本格式如下：

```
class father(object):
    pass
class son(father):
    pass
```

温馨提示：

（1）如果在类的定义中没有标注出父类，则这个类默认继承至 object 类。例如 class father(object)和 class father 是等价的，括号可以省略。

（2）pass 是空语句，是为了保持程序结构完整性，代码如例 8-11 所示。

【例 8-11】 单继承代码示例。

```
class Animal:
    def __init__(self, kinds, age):
        self.kinds = kinds
        self.age = age

    def eat(self):
        print("吃")
    def drink(self):
        print("喝")
    def run(self):
        print("{}能跑.".format(self.kinds))
    def sleep(self):
        print("睡")


class Dog(Animal):
    def bark(self):
        print("汪汪汪……")
```

```
# 父类对象
animal = Animal("犬类", 2)
animal.run()
print("{}岁的{}。".format(animal.age, animal.kinds))
# 子类对象
dog1 = Dog("哈士奇", 1)
dog1.run()
dog1.bark()
print("{}岁的{}非常可爱。".format(dog1.age, dog1.kinds))
```

输出结果如下：

```
犬类能跑
2岁的犬类。
哈士奇能跑。
汪汪汪……
1岁的哈士奇非常可爱。
```

因为Dog类继承了Animal类，所以Dog类创建的对象dog1可以调用父类的run()方法和其他方法，也可以访问父类的属性。而且可以在父类已有的属性和方法的基础上，扩展自己新的属性和方法。例如，bark()方法就是子类继承了父类方法之后，自己扩展的新方法。

2. 多继承

在Python程序中，有时一个子类可能会有多个父类，这就是多继承。子类可以拥有多个父类，并且具有他们各个父类的方法和属性。

多继承语法格式如下：

```
class 子类名(父类名1,父类名2,…):
```

多继承的演示代码如例8-12所示。

【例8-12】 多继承代码示例。

视频讲解

```
class Father:
    height = 180
    def f_character(self):
        return "有责任、有担当"
class Mother:
    appearance = "漂亮"
    def m_character(self):
        return "善良、体贴"

class Son(Mother, Father):
    def character(self):
        return "有理想、有道德、有文化、有纪律"

son = Son()
print("我继承了父亲的%dcm的身高,母亲%s的样子。" % (son.height, son.appearance))
print("我继承了父亲%s的性格,母亲%s的性格,\n我自己要做一个%s的青年。" %
        (son.f_character(), son.m_character(),son.character()))
```

输出结果如下：

```
我继承了父亲的180cm的身高，母亲漂亮的样子。
我继承了父亲有责任、有担当的性格，母亲善良、体贴的性格，
我自己要做一个有理想、有道德、有文化、有纪律的青年。
```

需要注意的是，子类对象访问某个方法时，访问顺序是先在子类中查找，如果没有，则会按照继承的顺序依次在父类里面查找。

例如，创建子类 class Son(Mother，Father)时，如果 Mother 和 Father 类里面都有同一个方法叫 character()，Son 类创建的对象 son 访问 character()方法，解释器先在子类里面查找有没有 character()方法，如果有那就直接访问子类当中的；如果没有则先在 Mother 类里面查找，如果没有才会在 Father 类里面查找。所以当多继承时，尽量不要让父类之间有相同的方法，不然会导致后面的父类方法无法访问。

3. 方法重写

方法重写可以分为两种形式：第一，子类重写方法完全覆盖父类方法内容；第二，子类重写方法是先实现父类方法，然后在此基础上再进行扩展，代码如例 8-13 所示。

视频讲解

【例 8-13】 方法重写：覆盖父类方法内容代码示例。

```
Class Animal:
    def eat(self):
        print("吃")
    def drink(self):
        print("喝")
    def run(self):
        print("跑")
    def sleep(self):
        print("睡")

class Dog(Animal):
    def bark(self):
        print("汪汪汪……")

class XiaoTianQuan(Dog):
    def bark(self):
        print("@#$%^&*#$%^&")

erha = Dog()
xtq = XiaoTianQuan()
erha.bark()
xtq.bark()
```

例 8-13 代码输出结果如下：

```
汪汪汪……
@#$%^&*#$%^&
```

覆盖式的方法重写需要保证方法名和参数，也就是方法首部和父类的方法首部一模一样。例如，子类 XiaoTianQuan 继承父类 Dog 后，重写父类 bark()方法，方法首部都是 def bark(self)。但是方法体完全不一样。

这样子类在访问bark()方法时，会优先使用子类的bark()方法。这种重写方式一般应用在子类和父类有同一种行为方式，但是行为内容完全不一样时。例如，子类XiaoTianQuan和父类Dog都能叫唤，但是父类叫声是“汪汪汪”，子类叫声是“@#$%^&*#$%^&”。

另外一种扩展式的方法重写，代码如例8-14所示。

视频讲解

【例8-14】　方法重写：扩展父类方法内容代码示例。

```
class Animal:
    def eat(self):
        print("吃")
    def drink(self):
        print("喝")
    def run(self):
        print("跑")
    def sleep(self):
        print("睡")

class Dog(Animal):
    def bark(self):
        print("汪汪汪……")

class XiaoTianQuan(Dog):
    def bark(self):
        # 使用super()调用父类bark()方法
        super().bark()
        # 扩展父类方法功能
        print("@#$%^&*#$%^&")

erha= Dog()
xtq = XiaoTianQuan()
erha.bark()
xtq.bark()
```

例8-14代码输出结果如下：

```
汪汪汪……
汪汪汪……
@#$%^&*#$%^&
```

扩展式的方法重写需要保证方法名和参数，也就是方法首部和父类的方法首部一模一样。例如，子类XiaoTianQuan继承父类Dog后，重写父类bark()方法，方法首部都是def bark(self)。但是方法体是在实现父类的功能基础上再扩展子类新的功能。

实现父类的功能在这里使用super()函数实现，如例8-14中的super().bark()即是在子类中访问父类的bark()方法，实现了父类bark()方法的功能。

而这种重写方式，相当于是扩展了父类的功能，该例子中的XiaoTianQuan对象，除了可以实现父类“汪汪汪……”，还可以实现“@#$%^&*#$%^&”，功能更加丰富多样。

8.5.3 多态

多态是指基类的同一方法在不同派生类对象中具有不同的表现和行为。多态的实现是建立在继承和方法重写的基础之上的技术，比较难理解，需要多结合实例练习。

派生类继承基类的方法和属性之后，还会增加某些特定的方法和属性，同时可能会对某些继承的方法进行一定的改变，这便是多态的表现形式。不同类的实例对象调用同一种方法所产生的行为各有不同。多态可以对代码进行扩展，让编程更加灵活，效率更高，代码如例 8-15 所示。

【例 8-15】 简单的多态使用代码示例。

```
class Dog:
    def work(self):
        print("我是一只家犬,正在看家")

class ArmyDog(Dog):
    def work(self):
        print('我是一只军犬,正在追击敌人')

class GuideDog(Dog):
    def work(self):
        print('我是一只导盲犬,正在引路')


army_dog = ArmyDog()
army_dog.work()

guide_dog = GuideDog()
guide_dog.work()
```

输出结果如下：

```
我是一只军犬,正在追击敌人
我是一只导盲犬,正在引路
```

不同的犬类对象，调用同一个方法可以实现不同的行为。例如，例 8-15 中军犬对象 army_dog 和导盲犬对象 guide_dog 同时访问 work()方法。但产生的结果却是不一样的。

当把某个类创建出来的对象当作其他类当中方法的参数时，用同一个类的对象调用同一个方法，当传递的对象不同时，也可以实现操作上的多态，代码如例 8-16 所示。

【例 8-16】 复杂的多态使用代码示例。

```
class Dog:
    def work(self):
        print("我是一只家犬,正在看家")
class UntrainedDog(Dog):
    print("我是一只幼犬,正在等待受训")

class ArmyDog(Dog):
    def work(self):
        print('我是一只军犬,正在追击敌人')
```

```
class GuideDog(Dog):
    def work(self):
        print('我是一只导盲犬,正在引路')
class Person(object):
    def work_with_dog(self, dog):
        dog.work()
person = Person()
Untrained = UntrainedDog()
Army = ArmyDog()
Guide = GuideDog()
person.work_with_dog(Untrained)
person.work_with_dog(Army)
person.work_with_dog(Guide)
```

输出结果如下：

```
我是一只幼犬,正在等待受训
我是一只家犬,正在看家
我是一只军犬,正在追击敌人
我是一只导盲犬,正在引路
```

这种多态的方式，是将不同的类创建出来的对象，以参数的形式传递到另外一个类中，然后通过同一个对象调用同一个方法，但是传递不同的对象来实现不同的操作。例如，例 8-16 中，未受训的狗、军犬、导盲犬都继承了 Dog 类，而每一类中都有 work()方法。在 Person 类中，work_with_dog()方法可以传递一个参数，而方法体正是用这个参数调用 work()方法，必须是拥有 work()方法的对象才能作为参数进行传递，而不同的对象 Untrained、Army 和 Guide 访问同一个 work()方法，会产生不同的结果，这就是多态的一种表现形式。

本章小结

本章主要讲解面向对象编程的相关概念，首先讲述的是面向对象的编程思想的实质是对客观事物的抽象，类是实现面向对象编程的基础。对象是类的实例化；类的内部主要包含类的属性和类的方法；在类中可以定义实例变量、类变量，方法包括类方法、实例方法和静态方法，它们有不同的适用场景和使用方法，要小心同名实例变量覆盖类变量的情况。面向对象的三大特性：封装、继承和多态。继承能够提高代码的可重用性和可复用性，Python 的继承分为单继承和多继承两种；多态是基于继承和重写两种技术实现的，多态能够提高代码的灵活性和可扩展性。

文件处理

学习目标

➢ 理解文本文件和二进制文件的意义。
➢ 掌握文件的基本操作，熟练管理文件与目录。
➢ 了解常见的数据格式。
➢ 掌握 CSV 文件和 JSON 文件的操作方法。
➢ 掌握 Python 数据与 JSON 数据之间的转换。

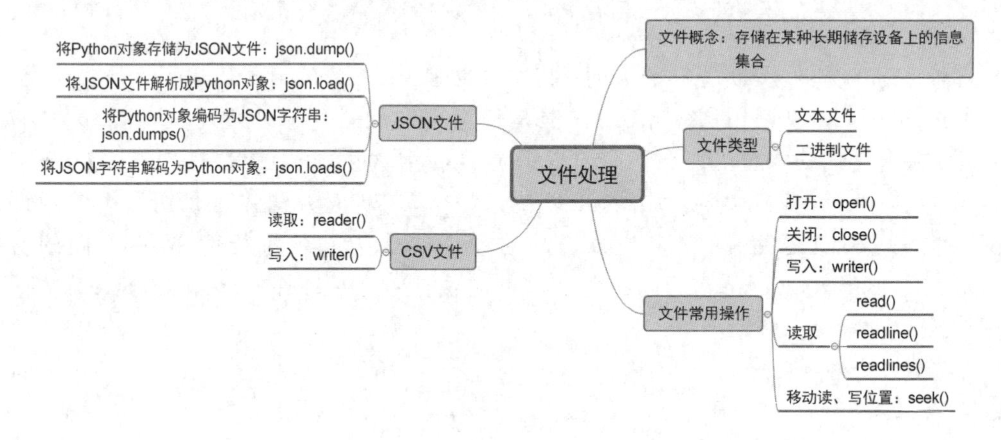

9.1 文件基础

文件在计算机中应用非常广泛，计算机中的文件都是以各种存储媒介，如硬盘等作为载体，存储在计算机中的数据集合。文本文档、图片、音频和视频等都是文件。为了后续更好地运用程序对文件进行相关操作，本节先对文件的基础概念和文件类型等内容进行介绍。

9.1.1 文件概述

计算机文件（或称文件、电脑档案、档案），是存储在某种长期存储设备上的信息集合。所谓"长期存储设备"一般指磁盘、光盘、磁带等。其特点是所存信息可以长期、多次使用，不会因为断电而消失。例如，文字、照片、音频和视频等。

一个文件需要有唯一确定的文件标识，以便用户根据标识查找到唯一确定的文件，方便用户对文件进行识别和引用。文件标识分成三部分，分别是文件路径、文件名和文件扩展名。例如，(C:\Users\PythonProject\test.py)。

C:\Users\PythonProject\	test	.py
文件路径	文件名	扩展名

计算机操作系统以文件为单位对数据进行管理，若想查找到存放在外部介质上的数据，必须先按照文件标识查找到指定文件，再按照文件权限对文件进行读写操作。

9.1.2 文件类型

按照编码方式的不同，计算机中的文件分为文本文件和二进制文件，其中文本文件以文本形式编码（如 ASCII 码、UNICODE 码、UTF-8 等）存储在计算机中，以“行”为基本结构组织和存储数据；二进制文件以二进制形式编码存储在计算机中，用户不能直接理解此种文件中存储的信息，只能通过相应的软件打开文件，以直观地展示信息。二进制文件一般是可执行程序、图像、声音或者视频等。

用记事本创建的扩展名为 txt 的文件是常见的文本文件。文本文件中存储的内容由若干行组成，每行以换行符（\n）结尾，主要包括英文字母、汉字和数字字符串。这些内容都能通过记事本之类的文件编辑器正常显示、正常编辑，且用户能够直接进行阅读与理解。在 Windows 平台中，扩展名为 log、ini 的文件也属于文本文件，都可以用常见的文本处理软件（如 gedit、记事本）进行编辑。

二进制文件把信息以字节串形式进行存储，不能使用记事本或其他文本编辑软件直接进行读写，也不能使用 Python 的文件对象直接读取二进制文件的内容。例如，使用 Windows 记事本打开一个二进制文件，由于它无法使用记事本查看，因此出现乱码情况。要正确理解二进制文件的结构和序列化规则，然后设计正确的反序列化规则，才能准确地理解二进制文件内容。

所谓序列化，简单地说就是把内存中的数据在不丢失其他类型信息的情况下转换成对象二进制形式的过程，对象序列化后的数据经过正确的反序列化过程可以准确无误地恢复为原来的对象。二进制文件中音频文件、视频文件、图形图像文件等就需要用对应的音、视频软件、图形图像软件打开。

9.2 文件操作

视频讲解

对于用户而言，文件和目录以不同的形式展现，但对计算机而言，目录是文件的数据集合，它实质上也是一种文件。基本文件操作步骤为：①文件的打开，创建文件对象；②文件的读写以及文件的创建、删除与重命名等；③关闭并保存文件内容。通过 Python 的内置方法和 os 模块中定义的方法可以操作文件。下面对基本文件操作进行讲解。

9.2.1 打开和关闭文件

1. 文件的打开

Python 中用 open()函数打开一个文件，并返回文件对象，在对文件进行处理时都需要使用到这个函数，如果该文件无法被打开，会抛出 OSError 异常。

open()函数常用语法格式如下：

```
open(file, mode='r', buffering=-1, encoding=None)
```

open()函数主要参数的含义如下。

(1) file：必须传递的参数，以字符串类型存储的文件路径(相对或者绝对路径)。

(2) mode：可选，指定文件打开模式，默认为只读方法。

(3) buffering：设置读写文件缓冲方式，若 buffering=0，则表示采用不缓冲的方式；若 buffering=1，则表示每次缓冲一行；若 buffering>1，则表示使用给定值作为缓冲区大小；若是默认值−1 或者负数，则表示使用默认缓冲机制(由设备决定)。

(4) encoding：指定对文本进行编码和解码的方式，一般使用 UTF-8 编码。

其中，mode 指定的文件打开模式有多种选择，如表 9-1 所示。

表 9-1　文件打开模式

模　式	描　述
t	文本模式(默认)
x	写模式，新建一个文件，如果该文件已存在则会报错
b	二进制模式
+	打开一个文件进行更新(可读可写)
r	以只读方式打开文件。文件的指针将会放在文件的开头。这是默认模式
rb	以二进制格式打开一个文件用于只读。文件指针将会放在文件的开头。这是默认模式。一般用于非文本文件，如图片等
r+	打开一个文件用于读写。文件指针将会放在文件的开头
rb+	以二进制格式打开一个文件用于读写。文件指针将会放在文件的开头。一般用于非文本文件，如图片等
w	打开一个文件只用于写入。如果该文件已存在则打开文件，并从开头开始编辑，即原有内容会被删除。如果该文件不存在，创建新文件
wb	以二进制格式打开一个文件只用于写入。如果该文件已存在则打开文件，并从开头开始编辑，即原有内容会被删除。如果该文件不存在，创建新文件。一般用于非文本文件，如图片等
w+	打开一个文件用于读写。如果该文件已存在则打开文件，并从开头开始编辑，即原有内容会被删除。如果该文件不存在，创建新文件
wb+	以二进制格式打开一个文件用于读写。如果该文件已存在则打开文件，并从开头开始编辑，即原有内容会被删除。如果该文件不存在，创建新文件。一般用于非文本文件，如图片等
a	打开一个文件用于追加。如果该文件已存在，文件指针将会放在文件的结尾。也就是说，新的内容将会被写入已有内容之后。如果该文件不存在，创建新文件进行写入
ab	以二进制格式打开一个文件用于追加。如果该文件已存在，文件指针将会放在文件的结尾。也就是说，新的内容将会被写入已有内容之后。如果该文件不存在，创建新文件进行写入
a+	打开一个文件用于读写。如果该文件已存在，文件指针将会放在文件的结尾。文件打开时会是追加模式。如果该文件不存在，创建新文件用于读写
ab+	以二进制格式打开一个文件用于追加。如果该文件已存在，文件指针将会放在文件的结尾。如果该文件不存在，创建新文件用于读写

代码示例如下：

```
File1 = open("test1.txt")                    # 只读方式打开
File2 = open("test2.txt","w")                # 只写方式打开
File3 = open("test3.txt","w+")               # 读写方式打开
```

2. 文件的关闭

凡是打开的文件，切记要使用 close()方法关闭，这样才能保证所做的任何修改都被保存到文件中。即使文件会在程序退出后自动关闭，但是考虑到数据的安全性，在每次使用完文件后，都要使用 close()方法关闭文件，否则一旦程序崩溃，很可能导致文件中的数据丢失。close()方法的使用非常简单，代码如例 9-1 所示。

【例 9-1】 文件打开、关闭代码示例。

```
# 打开一个名为"test.txt"的文件
f = open("test.txt",'w')
...
#关闭这个文件
f.close()
```

3. with 语句

在文件操作过程中，打开文件并操作完之后，是需要将文件关闭的，这样既能避免文件 IO 的冲突，也能节约内存的使用。但每次打开、关闭会比较麻烦，所以 Python 提供了 with 语句来解决这个问题。在 with 语句下对文件操作，可以不用执行 close()方法关闭，with 语句会自动关闭。

with 语句的主要作用如下。

(1) 解决异常退出时的资源释放问题。

(2) 解决用户忘记调用 close()方法而产生的资源泄露问题。

使用语法格式如下：

```
with open("test.txt") as file:               # file 相当于打开的文件对象名
    代码段
```

9.2.2 文件的读、写操作

1. 文件的写操作

Python 可以通过 write()方法向文件中写入数据，使用方法如下：

```
file.write(str)
```

write()方法中的参数 str 表示要写入文件的字符串，在一次打开和关闭操作之间，每调用一次 write()方法，程序向文件中追加一行数据，并返回本次写入文件中的字节数。

新建一个文本文件 test.txt，以写的方式打开并向其中写入数据，具体代码如例 9-2 所示。

【例 9-2】 write()方法写入数据代码示例。

```
f = open("import_this.txt","w",encoding="utf-8")
f.write("The Zen of Python, by Tim Peters\n")
f.write("Beautiful is better than ugly.\n")
```

```
f.write("Explicit is better than implicit.\n")
f.write("Simple is better than complex. ")
f.close()
```

程序运行后，会在文件所在路径下生成一个名为 import_this.txt 的文本文件。打开文件，可以看到被写入的文件内容。

2. 文件的读操作

在 Python 中对文本文件数据的读取有三种方法：read()、readline()和 readlines()方法，具体读取规则，如表 9-2 所示。

表 9-2　文本文件读方法

方　法	描　述
file.read([size])	从文件读取指定的字节数，如果未给定或为负则读取所有
file.readline([size])	读取整行，包括\n 字符
file.readlines([sizeint])	读取所有行并返回列表，若给定 sizeint>0，返回总和大约为 sizeint 字节的行，实际读取值可能比 sizeint 较大，因为需要填充缓冲区

三种读取文本文件方法的操作代码，如例 9-3～例 9-5 所示。

【例 9-3】 read()方法读取文件代码示例。

```
# 使用 read()方法
f = open("import_this. txt",encoding="utf-8")
#从当前位置读取 18 个字符,英文和汉字一样对待
print(f.read(18))
# 从当前位置读取后面的所有内容
print(f.read())
#关闭当前打开的文件
f.close()
```

输出结果如下：

```
The Zen of Python,
by Tim Peters
Beautiful is better than ugly.
Explicit is better than implicit.
Simple is better than complex.
```

read()方法可以指定读取的字节长度，并且会以字符串的类型返回。如果没有指定长度，会把所有文件内容存储成字符串一次性返回。

【例 9-4】 readline()方法读取文件代码示例。

```
# 要读取的文件很小,可以使用 readline()方法来逐行读取整个文件
f=open('import_this.txt", encoding="UTF-8")
while True:
    line = f.readline()
    if not line:
        break
    print(line)
f.close()
```

输出结果如下：

```
The Zen of Python, by Tim Peters
Beautiful is better than ugly.
Explicit is better than implicit.
Simple is better than complex.
```

readline()方法是以字符串类型的数据，一次返回一行文件的内容，如果需要读取所有文件内容可以用循环结构来实现。

【例 9-5】 readlines()方法读取文件代码示例。

```
# 读取文件较小，也可使用 readlines()方法，读取整个文件
f = open("import_this. txt" ,encoding="utf-8")
content = f.readlines()
i=1
for line in content:
    print("%d:%s"%(i,line))
    i+=1
        f.close()
```

输出结果如下：

```
1:The Zen of Python, by Tim Peters
2:Beautiful is better than ugly.
3:Explicit is better than implicit.
4:Simple is better than complex.
```

readlines()方法也是一次性返回所有的文件内容，但是，是将文件的每一行存储成一个字符串，然后将所有的字符串作为列表元素依次存进列表中。

以上介绍的三种方法通常用于遍历文件，其中 read()（参数默认时）和 readlines()方法都可一次读出文件中的全部数据，但这两种操作都不够安全。因为计算机的内存是有限的，若文件较大，read()和 readlines()的一次读取便会耗尽系统内存，这显然是不可取的。为了保证读取安全，通常采用 read(size)方式，多次调用 read()方法，每次读取 size 字节的数据，或者使用 readline()方法一行一行返回。

9.2.3　文件读、写位置

在实际开发中，可能需要从文件的某个特定位置开始读、写文件内容，这时需要对文件的读、写位置进行定位，包括获取文件当前的读、写位置，以及定位到文件的指定读、写位置。

Python 中提供了两种定位方式，如表 9-3 所示。

表 9-3　文件定位方法

方　法	功能说明
tell()	获取文件当前的读、写位置
seek(offset[,whence])	定位到文件的指定读、写位置。 seek()方法的参数介绍如下： (1) offset 表示偏移量，也就是需要移动的字节数。 seek(offset[,whence])

续表

方　法	功能说明
seek(offset[,whence])	(2) whence 表示方向，该参数的值有三个。 ① SEEK SET 或者 0：whence 参数的默认值，表示从文件的起始位置开始偏 s。 ② SEEK CUR 或者 1：表示从文件当前的位置开始偏移。 ③ SEEK END 或者 2：从文件末尾开始偏移

代码如例 9-6 所示。

【例 9-6】 seek()方法移动文件指针代码示例。

```
# 创建一个文本文件 hello.txt
f = open("hello.txt",'w+')
# 写入指定字符串
f.write("hello,Python!")
# 获取当前的读、写位置
print(f.tell())
# 返回到文本文件内容的起始位置
f.seek(0,0)
# 对文件的所有内容进行读取
print(f.read())
f.close()
```

输出结果如下：

```
13
hello,Python!
```

写入“hello,Python!”之后，文件指针是停留在文件末尾的，调用 tell()方法会返回文件指针当前位置，输出 13，意思代表处于第 13 字节长度后面，也就是“hello,Python!”的字符串长度。后续调用 seek(0,0)方法，是为了将文件指针移动到文件首位，第一个参数 0，表示偏移量为 0，也就是指针移动到指定位置后，不需要移动字节数了；第二个参数 0，表示将指针移动到文件首部位置。如果没有这个步骤，read()方法将读取不到内容。

9.2.4 管理文件和目录

除 Python 内置方法外，os 模块中也定义了与文件操作相关的方法，包括删除文件、文件重命名、创建或者删除目录、获取当前目录、更改默认目录和获取目录列表等。os 模块是内置模块，所以在使用之前直接导入：import os。下面对 os 模块中的常用方法进行介绍。

1. 删除文件

使用 os 模块中的 remove()方法可删除文件，该方法要求目标文件存在，其语法格式如下：

```
os.remove(path)                    # path:文件路径以字符串形式给出
```

在 Python 解释器中调用该方法处理文件，指定文件将会被删除。例如删除文件 hello.txt 可使用如下语句：

```
os.remove('hello.txt')
```

2. 文件重命名

使用 os 模块中的 rename()方法可以更改文件名，该方法要求目标文件存在，其语法格式如下：

```
os.rename(原文件名,新文件名)
```

以将文件 hello.txt 重命名为 test.txt 为例演示 rename()方法的用法，具体如下：

```
os.rename('hello.txt', 'test.txt')
```

经以上操作后，当前路径下的文件 hello.txt 被重命名为 test.txt。

3. 创建、删除目录

os 模块中的 mkdir()方法用于创建目录，rmdir()方法用于删除目录，这两个方法的参数都是目录名，其使用方法如下：

```
os.mkdir('dir')                    # 参数是创建的文件目录路径字符串
```

经以上操作后，Python 解释器会在默认路径下创建目录 dir。需要注意的是，待创建的目录不能与已有目录重名，否则将创建失败。

```
os.rmdir('dir')                    # 参数是需要删除的文件目录路径字符串
```

经以上操作后，当前路径下的目录 dir 将被删除。

4. 获取当前目录

当前目录即 Python 当前的工作路径。os 模块中的 getcwd()方法用于获取当前目录，调用该方法后将会返回当前位置的绝对路径，具体示例如下：

```
os.getcwd()
```

5. 更改默认目录

os 模块中的 chdir()方法用来更改默认目录。若在对文件或文件夹进行操作时，传入的是文件名而非路径名，Python 解释器会从默认目录中查找指定文件，或将新建的文件放在默认目录下。若没有特别设置，当前目录即为默认目录。例如，"C:\user\Administrator\PycharmProjects\Python"。使用 chdir()方法更改默认目录为"D:\"，再次使用 getcwd()方法获取当前目录，代码如例 9-7 所示。

【例 9-7】 chdir()方法改变当前路径代码示例。

```
os.chdir('D:\python')
print(os .getcwd())
```

输出结果如下：

```
D:\python
```

6. 获取目录列表

实际应用中常常需要先获取指定目录下的所有文件,再对目标文件进行相应操作。模块中提供了 listdir()方法,使用该方法可方便、快捷地获取存储了指定目录下所有文件名的列表。以获取当前目录下的目录列表为例,演示 listdir()方法的用法,具体代码如例 9-8 所示。

【例 9-8】 listdir()方法查看指定文件夹内部文件代码示例。

```
dirs = os.listdir()                # 默认获取当前文件夹下的文件或文件夹的名字列表
print(dirs)
```

输出结果如下:

```
['.idea', 'argument', 'bingdundun.py', 'calculate.py', 'data.json', 'data.txt', 'goodbye1.jpeg',
'goodbye2.jpeg', 'hello. txt', 'main.py', 'math_utils', 'stu.py', 'students.txt', 'study_night.py',
'study_test.py']
```

9.3 CSV 和 JSON 文件

在 Python 的环境中集成了 CSV 模块和 JSON 模块,可以用来进行表数据的处理或者进行网页结构数据的处理。

9.3.1 CSV 文件操作

CSV(Comma-Separated Values,CSV),有时也称为字符分隔值,因为分隔字符也可以不是逗号。CSV 是一种非常流行的表格存储文件格式,这种格式适合存储中型或小型数据。

CSV 文件的读、写方法语法格式如下:

```
reader(csvfile, dialect='excel')
writer(csvfile, dialect='excel')
```

参数说明如下。

csvfile:CSV 文件的路径,用字符串表示。

dialect:编码风格默认为 excel 的风格,也就是用逗号分隔。

reader()方法接收一个可迭代对象作为参数(打开了的 CSV 文件),返回一个 CSV 文件写对象,也是一个生成器,可以使用 for 循环一次读取每一行,每一行会以一个列表形式返回,代码如例 9-9 所示。

【例 9-9】 reader()方法读 CSV 文件代码示例。

```
import csv
with open('letter.csv', 'r') as File:
    lines = csv.reader(File)
    for line in lines:
        print(line)
```

letter. csv 是已经存在的一个 CSV 文件，open()将文件打开之后，返回了一个文件对象 File，csv. reader(File)只传入了第一个参数，第二个参数使用默认值，即以逗号来分隔数据。会返回一个 reader 对象并赋值给 lines，可以用循环获取文件中的每一行数据。上面程序的结果是将 CSV 文件中的文本按行打印，每一行的元素都是以逗号分隔符分隔得来。

输出结果如下：

```
['letter', 'value']
['a', '97']
['b', '98']
['c', '99']
['d', '100']
```

也可以使用 writer()方法返回 CSV 文件的写对象，然后再使用 writerow()方法或 writerows()方法写入数据。writer()方法将打开的 CSV 文件作为参数，writerow()方法按行写入内容接收一个列表作为参数，写入时会将元素按逗号分隔，writerows()方法也是接收列表作为参数，但是可以一次性写入多行数据。代码如例 9-10 所示。

【例 9-10】 将数据写入 CSV 文件中代码示例。

```
import csv
with open('letter.csv', 'a') as File:
    myWriter = csv.writer(File)
    myWriter.writerow(['e', 101])
    myWriter.writerow(['f', 102])
    myList = [['g', 103], ['h', 104]]
    myWriter.writerows(myList)
```

a 表示写模式。首先 open()函数打开当前路径下的名字为 letter. csv 的文件，并且在文件末尾继续追加内容，如果不存在这个文件，则创建它。函数先返回 CSV 的文件对象并命名为 File。然后 csv. writer(File)返回 CSV 文件的写对象，即 writer 对象 myWriter。writerow()方法可以将列表元素一行一行写入 CSV 文件中，writerows()方法可以一次写入多行内容。

9.3.2　JSON 文件操作

JSON(JavaScript Object Notation，JSON)是一种轻量级数据交换格式，用来存储和交换文本信息，比 xml 更小、更快而且更易解析，易于读写，占用带宽小，网络传输速度快，适用于数据量大、不要求保留原有类型的情况。

Python 中可以使用 JSON 模块来对 JSON 格式数据进行编解码，它包含了两对方法，如表 9-4 所示。

表 9-4　JSON 模块方法

方　法	描　述
json. dump()	将 Python 对象编码存入 JSON 文件中
json. dumps()	将 Python 对象编码成 JSON 字符串
json. load()	将 JSON 文件解析成 Python 对象
json. loads()	将已编码的 JSON 字符串解码为 Python 对象

在 JSON 的编、解码过程中，Python 的原始类型与 JSON 类型会相互转换，具体的转换

对照如下。

Python 编码为 JSON 类型转换对应表 9-5 如下所示。

表 9-5 Python 转 JSON 类型转换表

Python	JSON
Python 字典 dict	JSON 对象 object
Python 列表 list、元组 tuple	JSON 数组 array
Python 字符串 str	JSON 字符串 string
Python 整数 int、浮点数 float	JSON 数字类型 number
Python 布尔值真 True	JSON 布尔值真 True
Python 布尔值假 False	JSON 布尔值假 False
Python 空类型 None	JSON 空类型 Null

JSON 解码为 Python 类型转换对应表 9-6 所示。

表 9-6 JSON 转换为 Python 类型

JSON	Python	JSON	Python
object	dict	number(real)	float
array	list	True	True
string	str	False	False
number(int)	int	Null	None

使用 json.dumps()方法与 json.loads()方法实现 Python 对象和 JSON 格式对象的相互转换实例代码如例 9-11 所示。

【例 9-11】 Python 对象与 JSON 字符串相互转换。

```
import json
# Python 字典类型转换为 JSON 对象
data = {
    'name': "Jason",
    'age': 18,
    'course': 'Python'
}
json_str = json.dumps(data)
print("Python 原始数据:", data)
print("JSON 对象:", json_str)

# 将 JSON 对象转换为 Python 字典
data1 = json.loads(json_str)
print("data1['name']: ", data1['name'])
print("data1['age']: ", data1['age'])
```

输出结果如下：

```
Python 原始数据: {'name': 'Jason', 'age': 18, 'course': 'Python'}
JSON 对象: {"name": "Jason", "age": 18, "course": "Python"}
data1['name']: Jason
data1['age']: 18
```

注意：因为 JSON 在 dump 的时候，只能存放 ASCII 的字符，因此会将中文进行转义，这时候如果字符串有中文,可以使用 ensure_ascii=False 关闭这个特性。这样转换成 JSON 字符串格式则会正常显示中文。

本章小结

本章针对的是 Python 中文件的操作。主要介绍了 Python 中文件的打开 open()和关闭 close()操作,并且介绍了文件的打开权限主要包含读(r)、写(w)和追加(a),还有文件指针的移动方法 seek(),然后是文件的读、写方法 read()、readline()、readlines()和 write()方法。还有文件目录的相关操作。最后针对 Python 项目开发经常用到的 CSV 文件和 JSON 文件的常规操作进行了讲解。

综合案例

视频讲解

学习目标

➢ 了解数据分析的流程。

➢ 掌握 NumPy 模块的使用及相关应用。

➢ 掌握 Matplotlib 模块的使用及相关应用。

Matplotlib 是 Python 的绘图库，它能让用户很轻松地将数据图形化，并且提供多样化的输出格式。Matplotlib 可以用来绘制各种静态、动态、交互式的图表。Matplotlib 是一个非常强大的 Python 画图工具，可以使用该工具将很多数据通过图表的形式更直观地呈现出来。Matplotlib 可以绘制线图、散点图、等高线图、条形图、柱状图、3D 图形、图形动画等。

本章针对 2000 年至 2017 年各个季度第一、第二、第三产业、九大行业（农林牧渔业、工业、建筑业、批发和零售业、交通运输仓储和邮政业、住宿和餐饮业、金融业、房地产业、其他行业）国民生产总值的数据，使用 Python 进行数据分析与可视化操作。

10.1 直方图分析

在一个画板中绘制 2000 年、2017 年第一季度国民生产总值产业构成分布、行业构成分布直方图。

1. 模块导入

In[1]：

```
import matplotlib.pyplot as plt
import numpy as np
ptl.rcParams['font.sans-serif'] = 'simhei'                #用来正常显示中文标签
ptl.rcParams['axes.unicode_minus'] = False                #用来正常显示正负号
```

2. 获取数据

导入待处理数据《国民经济核算季度数据.npz》，读取并显示列名、数据，数据总共 69 行 15 列。

In[2]：

```
data = np.load('国民经济核算季度数据.npz')
name = data['columns']          #读取列名
values = data['values']         #读取数据
print(name)
```

Out[2]：

```
['序号' '时间' '国内生产总值_当季值(亿元)' '第一产业增加值_当季值(亿元)' '第二产业增加值_当季值(亿元)' '第三产业增加值_当季值(亿元)' '农林牧渔业增加值_当季值(亿元)' '工业增加值_当季值(亿元)' '建筑业增加值_当季值(亿元)' '批发和零售业增加值_当季值(亿元)' '交通运输、仓储和邮政业增加值_当季值(亿元)' '住宿和餐饮业增加值_当季值(亿元)' '金融业增加值_当季值(亿元)' '房地产业增加值_当季值(亿元)' '其他行业增加值_当季值(亿元)']
[[1 '2000 年第一季度' 21329.9 … 1235.9 933.7 3586.1]
[2 '2000 年第二季度' 24043.4 … 1124.0 904.7 3464.9]
[3 '2000 年第三季度' 25712.5 … 1170.4 1070.9 3518.2]
…
[67 '2016 年第三季度' 190529.5 … 15472.5 12164.1 37964.1]
[68 '2016 年第四季度' 211281.3 … 15548.7 13214.9 39848.4]
[69 '2017 年第一季度' 180682.7 … 17213.5 12393.4 42443.1]]
```

3．数据分析

（1）查看 2000 年第一季度国民生产总值产业构成分布数据。

In[3]：

```
values = data['values']
values_01 = values[0, 3:6]
print(values_01)
```

Out[3]：

```
[1908.3 9548.0 9873.6]
```

（2）查看 2000 年第一季度国民生产总值行业构成分布数据。

In[4]：

```
values = data['values']
values_02 = values[0, 6: ]
print(values_02)
```

Out[4]：

```
[1947.5 8798.7 777.1 2100.9 1379.4 570.5 1235.9 933.7 3586.1]
```

（3）查看 2017 年第一季度国民生产总值产业构成分布数据。

In[5]：

```
values = data['values']
values_03 = values[-1, 3:6]
print(values_03)
```

Out[5]：

```
[8654.0 70004.5 102024.2]
```

（4）查看 2017 年第一季度国民生产总值行业构成分布数据。

In[6]：

```
values = data['values']
values_04 = values[-1, 6:]
print(values_04)
```

Out[6]:

```
[9041.0 61919.4 8360.8 17796.8 8105.4 3409.2 17213.5 12393.4 42443.1]
```

(5) 在一个画板中绘制 2000 年、2017 年第一季度国民生产总值产业构成分布、行业构成分布直方图，如图 10-1 所示。

In[7]:

```
import numpy as np
import matplotlib.pyplot as plt
plt.rcParams['font.sans-serif'] = 'simhei'
plt.rcParams['axes.unicode_minus'] = False
data = np.load('国民经济核算季度数据.npz')
name = data['columns']
values = data['values']
label1 = ['第一产业','第二产业','第三产业']
label2 = ['农业','工业','建筑','批发','交通','餐饮','金融','房地产','其他']
# 创建画布
fig,axes = plt.subplots(2,2,figsize=(12,9))
# 绘制第一个子图 2000 年第一季度国民生产总值产业构成分布直方图
plt.subplot(221)
plt.bar(range(3),values[0,3:6],color='blue',width=0.5)
plt.xlabel('产业')
plt.ylabel('生产总值(亿元)')
plt.xticks(range(3),label1)
plt.title('(a)2000 年第一季度国民生产总值产业构成分布直方图')
# 绘制第二个子图 2017 年第一季度国民生产总值产业构成分布直方图
plt.subplot(222)
plt.bar(range(3),values[-1,3:6],color='blue',width=0.5)
plt.xlabel('产业')
plt.ylabel('生产总值(亿元)')
plt.xticks(range(3),label1)
plt.title('(b)2017 年第一季度国民生产总值产业构成分布直方图')
# 绘制第三个子图 2000 年第一季度国民生产总值行业构成分布直方图
plt.subplot(223)
plt.bar(range(9),values[0,6:],color='blue')
plt.xlabel('行业')
plt.ylabel('生产总值(亿元)')
plt.xticks(range(9),label2)
plt.title('(c)2000 年第一季度国民生产总值行业构成分布直方图')
# 绘制第四个子图 2017 年第一季度国民生产总值产业构成分布直方图
plt.subplot(224)
plt.bar(range(9),values[-1,6:],color='blue')
plt.xlabel('行业')
plt.ylabel('生产总值(亿元)')
plt.xticks(range(9),label2)
plt.title('(d)2017 年第一季度国民生产总值行业构成分布直方图')
plt.show()
```

Out[7]:

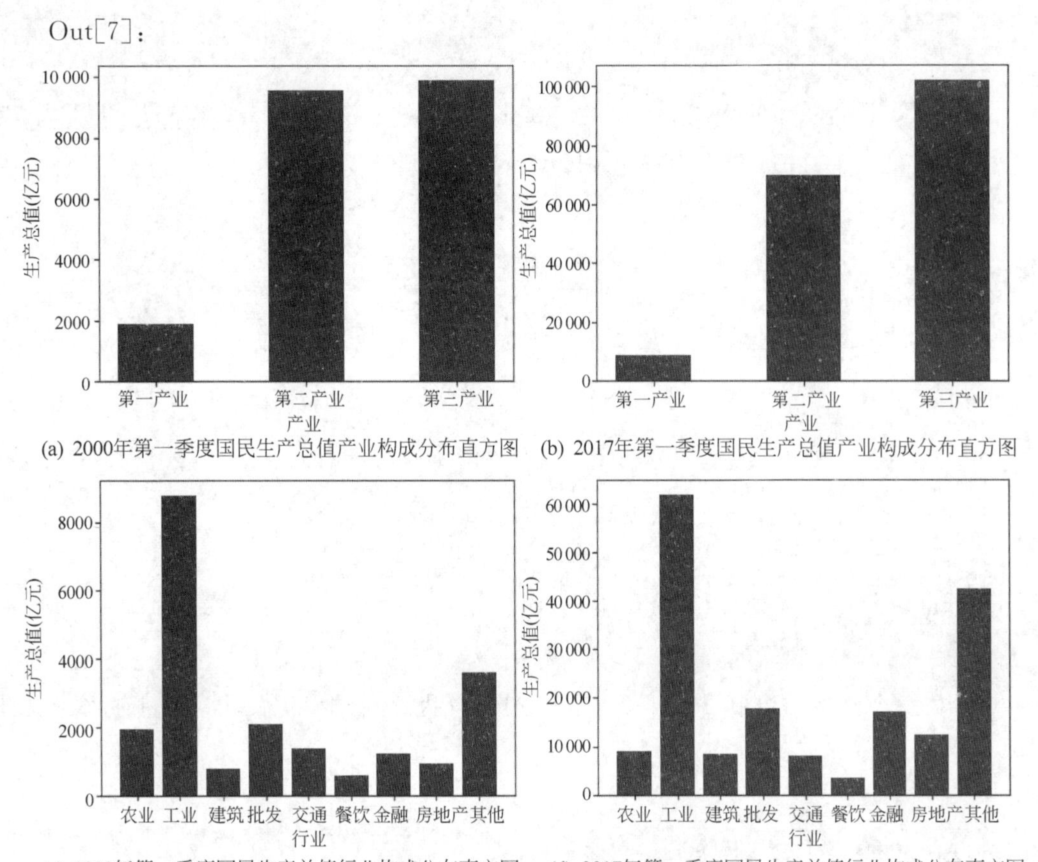

图 10-1　产业、行业结构分布直方图

10.2　折线图分析

在一个画板中绘制 2000—2017 年三产、九大行业季度国民生产总值折线图，其中模块导入和获取数据的方法与 10.1 节中直方图分析相同。

1. 数据分析

(1) 查看 2000—2017 年三产季度国民生产总值数据。

In[1]:

```
values = data['values']
values_05 = values[:, 3:6]
print(values_05)
```

Out[1]:

```
[[1908.3 9548.0 9873.6]
 [3158.2 11127.5 9757.7]
 [4140.6 11887.0 9684.9]
 ...
```

```
 [18569.0 75556.9 96403.7]
 [23005.0 85701.5 102574.8]
 [8654.0 70004.5 102024.2]]
```

（2）查看 2000—2017 年九大行业季度国民生产总值数据。

In[2]：

```
values = data['values']
values_06 = values[:, 6: ]
print(values_06)
```

Out[2]：

```
[[1947.5 8798.7 777.1 2100.9 1379.4 570.5 1235.9 933.7 3586.1]
 [3209.7 9799.9 1359.0 2073.0 1571.7 536.5 1124.0 904.7 3464.9]
 [4196.1 10503.1 1417.4 1943.2 1370.0 523.2 1170.4 1070.9 3518.2]
 ...
 [19184.0 62507.7 13338.2 17850.4 8658.9 3389.6 15472.5 12164.1 37964.1]
 [23848.0 69752.1 16272.0 19959.3 9089.8 3748.0 15548.7 13214.9 39848.4]
 [9041.0 61919.4 8360.8 17796.8 8105.4 3409.2 17213.5 12393.4 42443.1]]
```

（3）在一个画板中绘制 2000—2017 年三产、九大行业季度国民生产总值折线图，如图 10-2 所示。

In[3]：

```
fig,axes = plt.subplots(2,1,figsize=(12,9))
# 绘制第一个子图 2000—2017 年三产季度国民生产总值折线图
plt.subplot(211)
times = [0,5,10,15,20,25,30,35,40,45,50,55,60,65,70]
x = np.arange(1,70)
plt.title('(a)2000—2017 年各产业季度生产总值折线图')
plt.plot(x,values[:, 3],label='第一产业')
plt.plot(x,values[:, 4],marker = '.',linestyle='--',label='第二产业')
plt.plot(x,values[:, 5],linestyle = '-',label='第三产业')
plt.xticks(times)
plt.legend()
# 绘制第二个子图 2000—2017 年九大行业季度国民生产总值折线图
plt.subplot(212)
years = ['2000 第一季度','2001 第一季度','2002 第一季度','2003 第一季度','2004 第一季度',
         '2005 第一季度','2006 第一季度','2007 第一季度','2008 第一季度','2009 第一季度',
         '2010 第一季度','2011 第一季度','2012 第一季度','2013 第一季度','2014 第一季度',
         '2015 第一季度','2016 第一季度','2017 第一季度']
times = np.linspace(1,68,18)
x = np.arange(1,70)
plt.title('(b)2000—2017 年各行业季度生产总值折线图')
plt.plot(x,values[:, 6],label='农业',marker='.',linestyle='--',color = 'red')
plt.plot(x,values[:, 7],label='工业',marker='',linestyle='--',color = 'orange')
plt.plot(x,values[:, 8],label='建筑业',linestyle='--',color = 'yellow')
plt.plot(x,values[:, 9],label='批发业',linestyle=':',color = 'green')
plt.plot(x,values[:, 10],label='交通',color = 'blue')
plt.plot(x,values[:, 11],label='餐饮',marker='.',linestyle='--',color = 'blueviolet')
```

```
plt.plot(x,values[:, 12],label='金融',linestyle='-',color = 'purple')
plt.plot(x,values[:, 13],label='房地产',linestyle=':',color = 'brown')
plt.plot(x,values[:, 14],label='其他',color = 'black')
plt.xticks(times,years,rotation = 45)
plt.legend()
plt.show()
```

Out[3]:

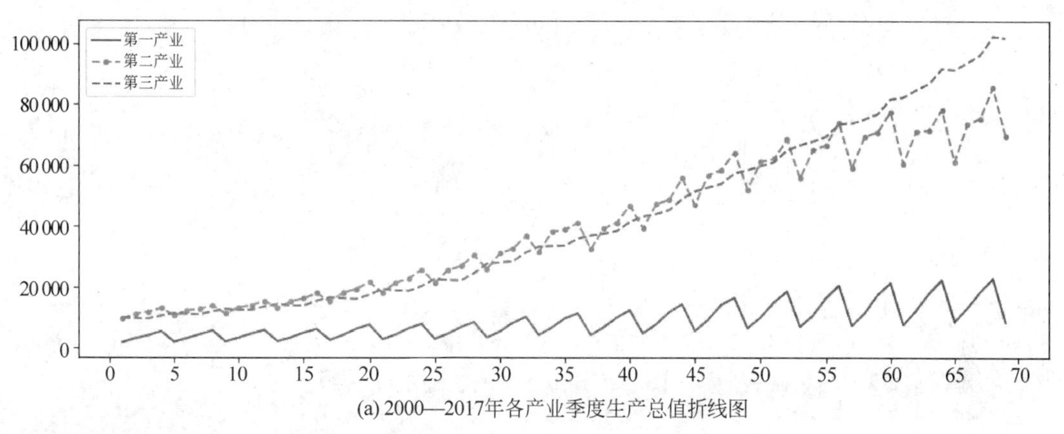

(a) 2000—2017年各产业季度生产总值折线图

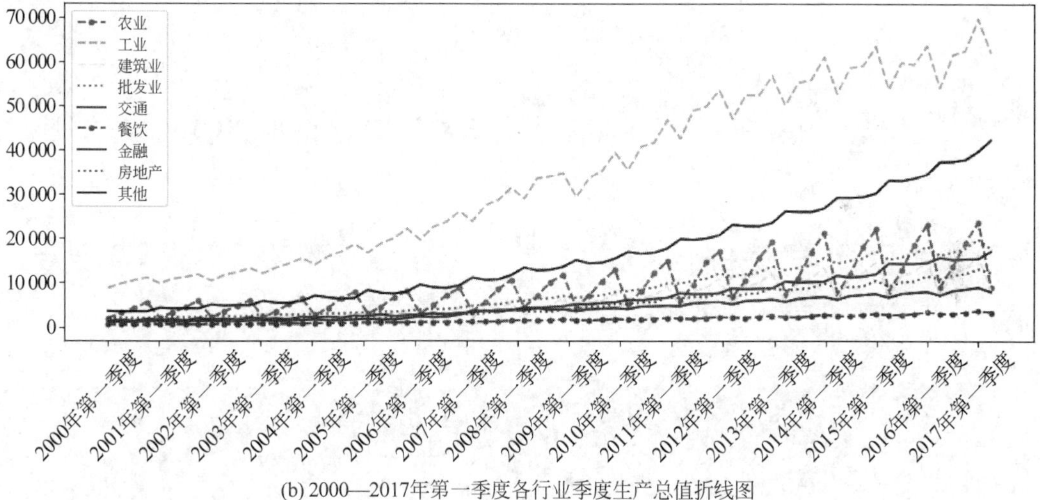

(b) 2000—2017年第一季度各行业季度生产总值折线图

图 10-2 国民生产总值折线图

10.3 饼图分析

在一个画板中绘制 2000 年、2017 年第一季度国民生产总值产业构成分布、行业构成分布饼图，其中模块导入和获取数据的方法与 10.1 节中直方图分析相同。

1. 数据分析

(1) 查看 2000 年第一季度国民生产总值产业构成分布数据。

In[1]:

```
values = data['values']
values_07 = values[0, 3:6]
print(values_07)
```

Out[1]：

```
[1908.3 9548.0 9873.6]
```

（2）查看2000年第一季度国民生产总值行业构成分布数据。

In[2]：

```
values = data['values']
values_08 = values[0, 6: ]
print(values_08)
```

Out[2]：

```
[1947.5 8798.7 777.1 2100.9 1379.4 570.5 1235.9 933.7 3586.1]
```

（3）查看2017年第一季度国民生产总值产业构成分布数据。

In[3]：

```
values = data['values']
values_09 = values[-1, 3:6]
print(values_09)
```

Out[3]：

```
[8654.0 70004.5 102024.2]
```

（4）查看2017年第一季度国民生产总值行业构成分布数据。

In[4]：

```
values = data['values']
values_10 = values[-1, 6: ]
print(values_10)
```

Out[4]：

```
[9041.0 61919.4 8360.8 17796.8 8105.4 3409.2 17213.5 12393.4 42443.1]
```

（5）在一个画板中绘制2000年、2017年第一季度国民生产总值产业构成分布、行业构成分布饼图，如图10-3所示。

In[5]：

```
fig,axes = plt.subplots(2,2,figsize=(12,9))
label1 = ['第一产业','第二产业','第三产业']
label2 = ['农业','工业','建筑','批发','交通','餐饮','金融','房地产','其他']
# 第一个子图 2000年第一季度国民生产总值产业构成分布图
```

```
plt.subplot(221)
plt.title('(a)2000 年第一季度国民生产总值产业构成分布图')
plt.pie(values[0][3:6],labels = label1,autopct='%.1f%%')
# 第二个子图 2017 年第一季度国民生产总值产业构成分布图
plt.subplot(222)
plt.title('(b)2017 年第一季度国民生产总值产业构成分布图')
plt.pie(values[-1][3:6],labels = label1,autopct='%.1f%%')
# 第三个子图 2000 年第一季度国民生产总值行业构成分布图
plt.subplot(223)
plt.title('(c)2000 年第一季度国民生产总值行业构成分布图')
plt.pie(values[0][6:15],labels = label2,autopct='%.1f%%')
# 第四个子图 2017 年第一季度国民生产总值行业构成分布图
plt.subplot(224)
plt.title('(d)2017 年第一季度国民生产总值行业构成分布图')
plt.pie(values[-1][6:15],labels = label2,autopct='%.1f%%')
plt.show()
```

Out[5]:

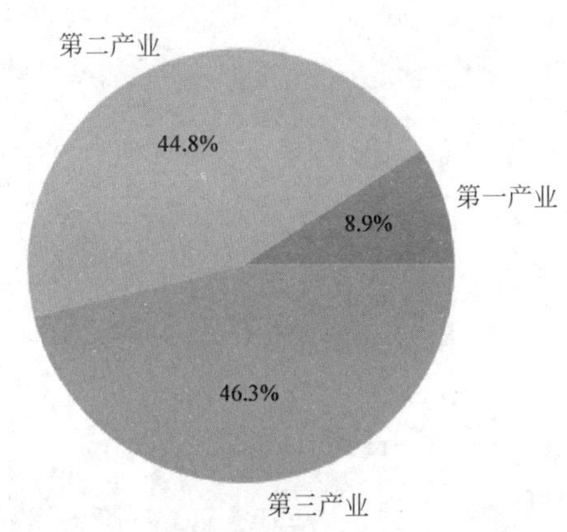

(a) 2000年第一季度国民生产总值产业构成分布图

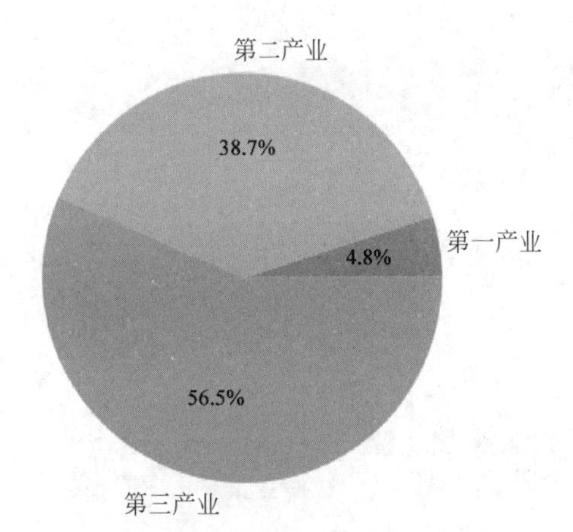

(b) 2017年第一季度国民生产总值产业构成分布图

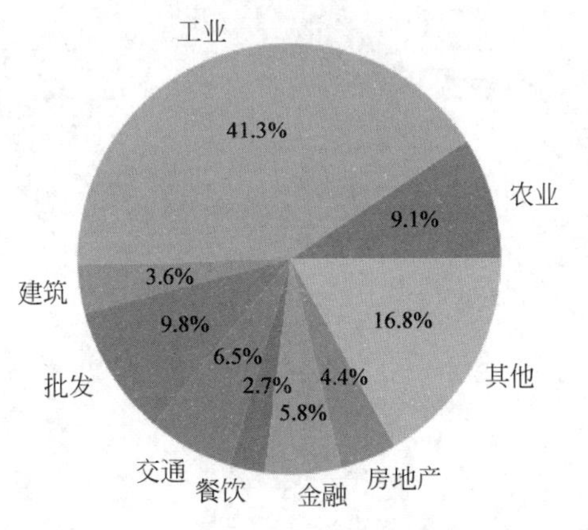

(c) 2000年第一季度国民生产总值行业构成分布图

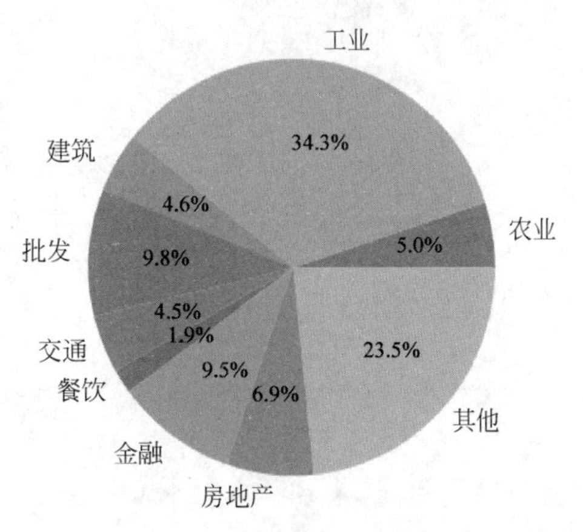

(d) 2017年第一季度国民生产总值行业构成分布图

图 10-3 产业、行业构成分布饼图

本章小结

本章结合 2000—2017 年各个季度国民生产总值产业和行业分布数据，介绍数据分析的基本流程，使用 NumPy 数据分析模块进行数据的存储、选取和分析，使用 Matplotlib 数据可视化模块进行数据分析结果的可视化展示。针对 2000—2017 年各个季度国民生产总值产业和行业分布数据分别绘制条形图、折线图和饼图，对 Python 基础知识和数据分析进行综合练习。